大展好書 好書大展

大展好書 好書大展

家庭巧妙收藏

賢明主婦會／編
蘇　秀　玉／譯

家庭／生活
90

前　言

確保收藏物品的空間，對每一個家庭而言，都是相當傷腦筋的事。但是，在你感歎「收藏物品的空間不足！」之前，首先應檢查確認現存的東西，是應當收藏在有限的空間裡呢？還是應當要丟棄的東西？若是自己不喜歡的贈品，或是兩年以來都沒有穿過的衣服，必須要斷然處置。

重新檢查之後，剩下的東西——

①將能夠收藏的場所分類。收藏（能夠使用的場所要儘量使用。此外，配合利用的頻度，經常使用的東西要放在高度於腰部到肩部之間容易拿取的地方，使用頻度較低的東西，則放在較高的地方，或收藏在深處）。

②維持整理、整頓（東西要建立起指定席，要養成使用後放回原位的習慣）。

如此一來，便能夠適才適所地進行收藏，並且加以維持，得以實現明快和適當的收藏。

此外，收藏的目的不僅是「收拾東西」而已，重點在於該如何收藏，而且東西又容易取出。例如，像盤子，不要疊在一起，要直立收藏，較容易取出、收拾。

本書的目的是要建議各位，將家中充滿的物品加以巧妙的收藏和整理，以創造一個清爽、舒適的生活為目的。內容包括了「容易取出、容易收拾的收藏法」、「節省空間的高效率收藏法」等，共有二〇〇條收藏的智慧。

各位請參考本書的構想，巧妙地處理物品，巧妙地收藏吧！

●在各單元中分別會出現㊉及＄的標誌，其中㊉標誌是表示不需要花費功夫，而＄標誌則表示不必花費大量金錢。

●插圖中的費用是它的大致標準，依質或收藏量等的不同，價格也會有變動。

此外，本書介紹的商品，有時可能會因缺貨而買不到，敬請見諒。

目錄

前言……三

第一章　廚房篇

●調理器具和流理台周圍……一四

1　利用管狀家具，將調理器具吊起來收藏……一四
2　在爐台上安裝橫桿掛調理器具……一五
3　鐵絲網的上部掛在面前提升收藏力……一六
4　把煎鍋和鍋子的高度錯開……一七
5　利用強力磁鐵固定剪刀或開罐器……一七
6　能掛在掛鈎上的碗和籃子……一七
7　利用壁網整理廚房的大物件……一八
8　利用可調節的架子，可使洗滌槽下乾淨清爽……一九

9 在洗滌槽下利用二根支撐棒形成收藏空間……三〇
10 利用分段式鍋架可以有效活用洗滌槽下方的空間……三一
11 油膩的鍋子可以利用防震波狀紙收藏……三二
12 利用掛在門上的架子也能在門板內收藏物品……三三
13 保特瓶黏在爐台下的收藏門上可以放筷子……三三
14 利用滑輪盤取出瓶子較方便……三四
15 瓶子類可利用保特瓶架排列收藏……三五
16 大的鍋類可利用箱子作架子重疊收藏……三六
17 平整的調理器具可以插在書架上……三六
18 保持洗濯槽上乾淨清爽，海綿類可以利用鈎子和繩子吊起來……三七
19 在廚房的架子上利用掛架收藏並瀝乾水分……三七
20 流理台或爐台側放輔助兼用架……三八
●餐具類……三九
21 將大小不同的餐具或小物件收藏在同種類的盒子裡……三九
22 餐具架強調重點講究美觀……四〇
23 平盤依大小別插在盒子裡……四一

24 依大小別使用分段式盤架看來較清爽……四二
25 調節板架使每一種盤子都能收藏……四二
26 利用魚糕板做餐具架上的架子……四三
27 大小不一的日式餐具中間可放墊子或布塊……四四
28 大盤子放在有襯裡的信封中直立放置……四五
29 飯碗和大碗以朝上朝下的方式交互排列……四六
30 收藏茶杯可用吊杯架較為方便……四六
31 在餐具架的板架上放置鈎子吊放收藏……四七

●廚房的小物件與食品……四八

32 抽屜可以放兩層的分隔盒……四八
33 蔬菜水果放在籃子裡更增美麗……四九
34 小物件類利用不常使用的杯子收藏更為清爽……四九
35 牛奶盒可以放在抽屜裡應用……五〇
36 將分隔盒放在托盤上擺上餐桌……五一
37 餐墊可用保鮮膜棒捲起，插在籃子或盒子裡……五二
38 抹布放在籃子或盒子裡隨時可以攜帶……五二

39 濕抹布要放在不明顯的地方使其乾燥……五三
40 利用抽屜型的文件整理盒整理廚房的小物件……五四
41 洗髮精用的架子可放在廚房收藏調味料……五四
42 錄音帶架可當作調味料架……五五
43 開封過的袋子用直立夾夾住……五六
44 用過的食品放在帶有拉鍊的塑膠袋中收藏……五七
45 桌上調味料放在籃子裡端上餐桌……五七
46 利用三段式垃圾箱收藏可以貯存的貨品……五七
47 乾物或通心粉類可以放在漂亮的瓶子中……五八
48 義大利麵可以放入保特瓶中……五九
49 超級市場的塑膠袋可以摺成三角形收藏……六〇
50 塑膠整理盒可以放在廚房使用……六一
51 滑輪式書架也可用在廚房收藏食品……六一
52 在食品儲藏庫中並排幾個籃子依種類別整理……六二
●冰 箱……六三
53 冰箱內可採用易於取出的滑輪式收藏……六三

54 利用二個相連的牛奶盒收藏葉菜類……六四
55 用塑膠盒收藏管狀調味料……六四
56 在冰箱網架上掛S形鈎子也可收藏東西……六四
57 利用文件盒將瓶子、罐子直立收藏……六五
58 利用強力磁鐵將衛生紙盒黏在冰箱門上……六六
●現代化廚房……六七
59 考慮到容易使用的問題使現代化廚房具有各種收藏機能……六七
60 能夠迅速取出的滑輪式收藏……六八
61 有效活用肉眼看不見的空間的地板收藏庫……六九
62 利用死角的旋轉式角落架……七〇
63 手推車可以從櫥櫃中輕鬆拉出……七〇
64 超音波洗淨餐具……七〇

第二章　壁櫥、房間篇

●壁　櫥……七二

65 利用支撐棒有效活用壁櫥空間……七二
66 壁櫥內部安裝滑輪式吊架取出較輕鬆……七三
67 利用網子在壁櫥側面的空隙收藏小物件……七四
68 在棉被下安裝帶有抽屜的竹板……七五
69 帶有抽屜可收藏小物件的中板可作隔板使用……七六
70 中板下使用滑動式籃子……七七
71 壁櫥專用的手推車可進行直立形收藏……七七
72 利用壁櫥的空間放置組合架……七七
73 壁櫥中堆滿衣物盒……七八
74 利用壓縮袋使坐墊節省收藏空間……七八
75 利用捲簾代替壁櫥的門……七九
76 羽毛被可以用絲襪綁住縮小空間……八〇
77 將棉被捲起來收藏可以縮小空間……八一
78 棉被用布包可當作靠墊使用……八二
79 衣櫥上放籐籃，收藏時不會有違和感……八三
80 平常不使用的物件要列表記錄……八三
81 向取出中板挑戰……八四

82 在衣櫥中安置支撐桿（卸下中板的情形）……八六
83 充分活用較高的收藏物（卸下中板的情形）……八七
84 壁櫥可以當成ＡＶ家電或鋼琴放置場……八八
85 一半的壁櫥使用中板收藏棉被……八九
86 使用三條長桿配合長度收藏（衣櫥篇）……九〇
87 掛衣架加收藏盒（衣櫥篇）……九一
●小孩房……九二
88 克服狹窄變得充實的小孩房（二人房篇）……九二
89 克服狹窄變得充實的小孩房（一人房篇）……九四
90 利用床下的抽屜也可以收藏東西……九六
91 用親手做的吊床收藏衣物或布娃娃……九七
92 小孩每天使用的東西要整個收藏……九八
●收藏家具等……九九
93 可以自由組合的箱型家具……九九
94 依收藏量之不同結合組合家具……一〇〇

95 將收藏場所由上方移向下方令人注目的榻榻米下收藏……一〇二
96 樓梯下方的空間成為獨特的收藏家具場所……一〇三
97 使用磚塊和木板做成簡易架……一〇四
98 彩色箱利用籃子當作抽屜使用……一〇五
99 不想讓人看見的架子可以利用捲簾收藏……一〇六
100 組合式開放架可展現自己的風格……一〇七
101 木製開放架可收藏溫馨重要的東西……一〇八
102 配合收藏的物件調整板架……一〇九
103 使狹長的空間死角展現不同的風情……一一〇
●小物件類……一一一
104 走廊的牆壁或樓梯可以製作書架……一一一
105 附帶收藏庫的長椅可以收藏書……一一二
106 書架前方的空間可利用凹字形的薄木板增加收藏量……一一三
107 在書架中製作小架子安置小物件……一一四
108 紙門背面的空間死角可以用來收藏書……一一五
109 收藏CD可以利用市售器具及抽屜……一一六

110 床下的空間也可以有效活用架子或竹板……一一七
111 熱地毯可用窗簾布包住直放……一一八
112 將地毯捲起掛在壁櫥深處……一一九
113 做簡單的架子利用時髦的角架裝點整個房間……一二〇
114 利用罐裝啤酒箱做成放雜誌的架子……一二〇
115 雜誌可以利用籃子或棒子創造時髦的收藏感……一二一
116 桌子下可用布做成放報紙和雜誌的架子……一二二
117 遙控器類可放在籃子或箱子內整理……一二三
118 共有的小物件可以放在帶有輪子的箱子裡收藏……一二四
119 不想讓人看見的東西可用布蓋住……一二五
120 袋子或包裝紙要決定數量……一二六
121 用鈎子吊掛延長線……一二六
122 利用大毛巾和洋衣架作成帆布架……一二七
123 書桌下的空間死角可當作收藏架使用……一二八
124 文件夾配合ＴＰＯ放置在適當的地方……一二九
125 利用資料簿管理明信片或名片……一三〇
126 利用錄音帶盒整理卡片最適合……一三〇

127 將文具放在有格子的箱子或工作箱中……一三一
128 文具可以利用隔開的抽屜指定放的場所……一三二
129 利用小相本整理收據和食譜……一三三
130 DM等紙類依用件別、人物別分類收藏於盒中……一三四
131 掛在架子上的架子可放報紙或食譜……一三五
132 藥物外用、內服分開收藏……一三六
133 縫紉盒重視機能性……一三七
134 線軸或縫線可以利用剪下的管子或隔間較多的箱子放置……一三八
135 值得紀念的東西可以拍照留念……一三九
136 房間的角落可以掛上簾子收藏東西……一四〇
137 想要隱藏，可以利用簾子……一四一
138 下定決心將整個房間當成收藏間……一四二

第三章 衣物、小物件、飾物篇

●衣物……一四四
139 衣領較硬的襯衫要注意不可弄壞型且要交互疊放……一四四

140 防止衣領變形的收藏架……一四五
141 只要改變肩部的位置就能防止變形並提升收藏力……一四六
142 衣物直放容易取出且能提升收藏力……一四七
143 體積不大的衣物可以捲起收放在文件用的抽屜中……一四八
144 擔心有縐摺的襯衫要減少摺疊的部分……一四九
145 將裙子等堆積起來捲成圓形，不易形成摺痕……一五〇
146 將帶有釦子的羊毛衫疊放收藏……一五一
147 將冬天常穿的厚毛衣捲起來直放……一五二
148 將羊毛衣配合空間捲起來收藏……一五三
149 吊袋架可用來收藏毛衣……一五三
150 羽毛夾克捲起來擠出空氣用布包住……一五四
151 床下的衣物要利用密閉盒及防靜電噴霧劑保護……一五四
152 利用牛奶盒作整理可提升收藏力……一五五
153 將襪子捲起來直放……一五六
154 胸罩直放可保型並提升收藏力……一五六
155 在浴室上方或吊櫃中放盒子將衣服摺疊收藏……一五七
156 二段部掛可提升二倍收藏力的二段式掛西服法……一五八

157 提升收藏力的旋轉式掛衣架……一六〇

●小物件、飾品……一六一

158 在門內安裝鈎子掛手套或鑰匙……一六一
159 飾品可利用網子掛起以防打結……一六二
160 徽章可以別在舊衣服上掛著……一六二
161 利用軟木塞板掛小飾品……一六三
162 利用巧克力空盒放小飾品……一六三
163 將每件小飾品放入小袋子中收藏……一六三
164 口紅將容器底朝上直放……一六四
165 小物件放在香料架上……一六五
166 髮飾用橡皮筋紮好收藏……一六五
167 掛毛巾架和S形掛鈎可收藏皮帶……一六六
168 提升收藏力的領帶、皮帶架……一六七
169 將皮帶捲起用鐵絲固定……一六七
170 絲巾放在文件夾內收藏……一六八
171 將小皮包放在大皮包內……一六九

172 旅行箱的各種用法……一七〇
173 宴會用品集合在一個抽屜中……一七一
174 網球或高爾夫球道具整理在一起……一七二

第五章　玄關・浴室篇

●玄　關……一七四
175 使用磚頭和板子，能做成簡便鞋架……一七四
176 鞋子利用市售器材或鐵絲掛鈎可以有效收藏……一七五
177 將架子放在鞋櫃內配合鞋子的高度收藏……一七六
178 鞋子放在布袋裡重疊能提升收藏力也能掛起來……一七七
179 鞋子用絲襪罩住能保持光亮……一七八
180 鞋櫃內附帶廚房用的架子收藏小物件……一七八
181 小孩鞋利用專用鞋架使玄關清爽……一七九
182 將牛奶盒堆起來放置小孩鞋……一八〇
183 鞋櫃門內可放置拖鞋架……一八一
184 鞋子和拖鞋可利用掛毛巾架直立收藏……一八二

185 小孩鞋可以放入大人用的鞋盒內……一八三
186 利用可摺疊傘架提升收藏效果……一八三
187 玄關牆壁裝管子可掛傘並當作扶手……一八四
188 玄關放伸縮棒放置雨衣及玄關的小物件……一八五
●浴 室……一八六
189 浴室可利用長形架子和手推車整理……一八六
190 將洗臉檯周圍的小物件整個收藏起來……一八七
191 洗臉檯利用匚字型的架子提升二倍的收藏力……一八八
192 洗臉檯下方的架子放瓶子類以提升收藏力……一八八
193 打掃用具依場所別整個收藏在容器中……一八八
194 利用專用架使洗衣機上方也成為收藏空間……一八九
195 利用架子收藏浴室的小物件……一九〇
196 將毛巾捲起因空間場所的不同可直放或橫放……一九二
197 廁所角落放長形架……一九三
198 馬桶兩側當成收藏空間……一九四
199 親手做衛生紙貯存架……一九五

200　在廁所用三片木板做成簡便架……………………一九六

〔例外篇〕活用家具保管箱確保住家外的收藏空間

◆卷末・收藏前的處理

◆**衣類、小物件**／200　羊毛西裝、夾克／201　棉製大衣／202　皮夾克、皮大衣／204
絨皮、毛皮、夾克與大衣／204　羊毛衣、山羊絨毛衣／205　帽子／208　領帶、圍巾／
209　皮手套、皮靴／210
◆**家電製品**／211　風扇加熱器／211　爐子／212　電暖爐／213　電毯／214

試試看

收藏典型測驗

首先，掌握自己的「收藏性格」

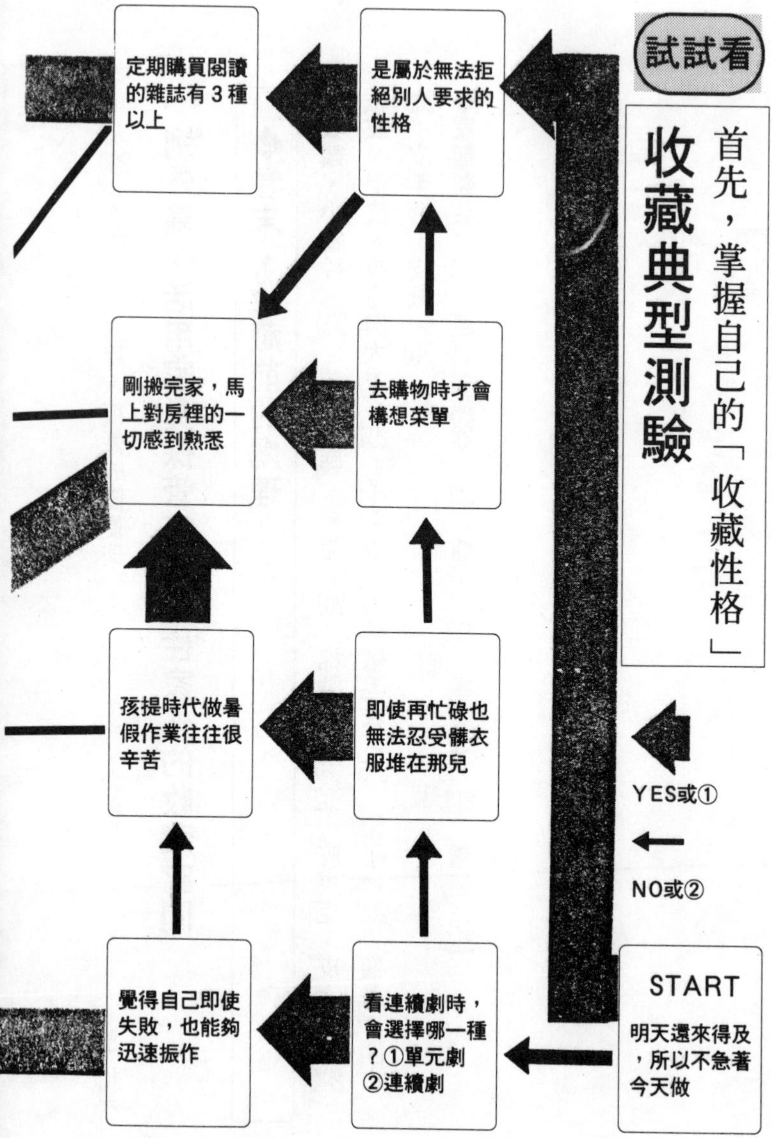
YES或①
NO或②
START
明天還來得及，所以不急著今天做
看連續劇時，會選擇哪一種？①單元劇②連續劇
即使再忙碌也無法忍受髒衣服堆在那兒
去購物時才會構想菜單
是屬於無法拒絕別人要求的性格
覺得自己即使失敗，也能夠迅速振作
孩提時代做暑假作業往往很辛苦
剛搬完家，馬上對房裡的一切感到熟悉
定期購買閱讀的雜誌有３種以上

無計畫派

在收拾的時候，還是有一大堆東西散落在地面，是記憶力散漫型。應當好好訂計畫，進行整頓與整理，在拿東西時要注意，首先要確保收藏的場所，決定物品的定位。

優柔寡斷派

東西捨不得丟，結果沒有可以收藏的場所，表示收藏的要領不好。超過一年以上沒穿的衣服，或是許久不曾看過的書，即使丟棄也不要覺得可惜。要斷然做處置。

重視視覺派

你是創造華麗房間的優先派，即使不合理或是過於勉強，你也不在乎。當然，你也有一些所巧妙的整理方法，在美麗的房間裡，一定要採用富有機能性的收藏方法。

完美主義派

你是非常懂得收拾的人，對於事物的執著心較弱，反過來說，你是很會「丟東西」的人，也許你的房間會給人「剎風景」的印象，還是在收藏法上面下一些功夫吧。

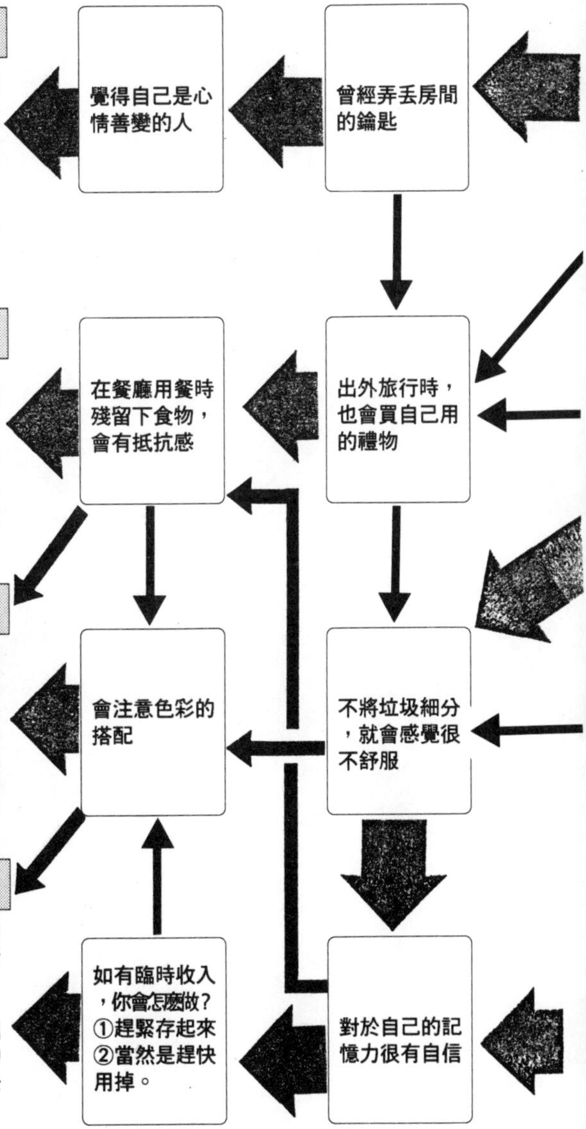

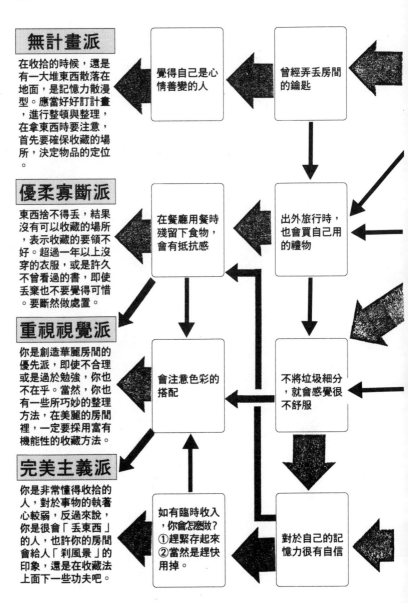

第一章 廚房篇

調理器具和流理台周圍

1 利用管狀家具，將調理器具吊起來收藏 ⊕⊕$$$

「這麼多調理器具，拿進拿出的真是不方便。」

有這些煩惱的人，可以在爐台旁的牆上，釘製一些家具店有販售的管狀家具。

如果是三段的管子就更方便了。在這些管子上掛上S形的掛鉤，可以掛鍋子或調理用的小物件，能夠收藏很多東西，而且井然有序又方便拿取。

如果在管子上掛上放置鍋蓋專用的鍋蓋架，就不必擔心鍋蓋沒地方放，便能夠收藏得乾乾淨淨。

2 在爐台上安裝橫桿掛調理器具

⊕⊕$$

爐台上方的牆壁若是有空間的話，可以安裝橫桿。橫桿上可以安裝一些S形的掛鉤類，而在牆壁與橫桿之間則可以掛鍋蓋，使用非常方便。不過由於爐台上經常油膩骯髒，所以應儘量避免放置須經常使用，必須保持乾淨的器具。

3

⊕⊕$

鐵絲網的上部掛在面前提升收藏力

將廚房用的鐵絲網與牆壁並排固定，掛上S形掛鉤收藏廚房的用具，是一般使用法。如果要提升收藏力，可以將鐵絲網的上部稍微掛在面前加以固定，藉著這個傾斜度，能夠使得下部與鐵絲網之間形成空間，如此一來，便可以掛更多的器具了。將鐵絲網下部的兩端用兩個鈎子固定，而上部則用兩個鈎子固定於牆壁上，再利用鐵絲聯結鐵絲網與牆上的鈎子，便能夠牢牢地固定了。

4 把煎鍋和鍋子的高度錯開 ⊕ $

平常使用的鍋子或煎鍋，掛在牆上或流理台下方的門上時，如果鍋具所掛的高度相同，會浪費收藏的面積，這時，只要調整鉤子的位置，不要把鍋具並排掛，就可節省空間了。

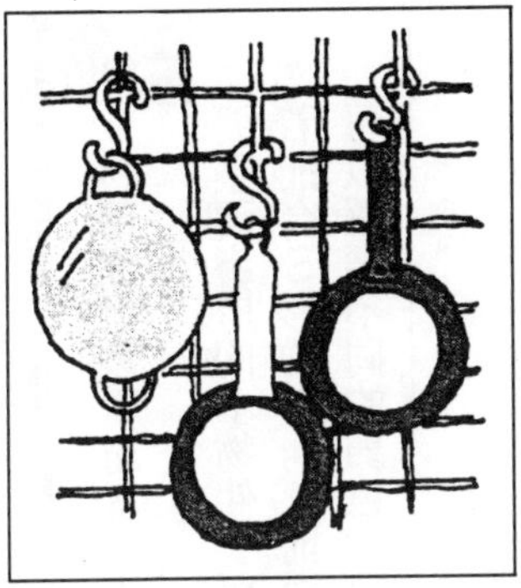

5 利用強力磁鐵固定剪刀或開罐器 ⊕ $

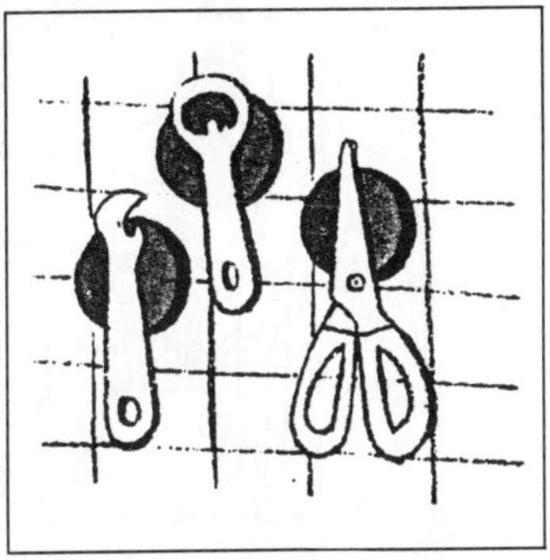

在流理台周邊的牆上，固定強力磁鐵板非常好用，諸如開瓶器、開罐器、剪刀等，可牢牢地固定於磁鐵上，沒有危險，隨時都可以使用，非常方便。

6 能掛在掛鉤上的碗和籃子 ⊕ $$

碗和籃子可以選擇三～四種不同的尺寸交替使用。

現在市面上有一種帶有吊環，可以掛在掛鉤上的碗和籃子。把它們掛在S形的掛鉤上收藏，就不會佔空間。

7

利用壁網整理廚房的大物件

⊕$$$

要整理廚房的小物件，可以利用一張壁網，就非常方便了。若配合S形的掛鈎，則從圍裙等大物件到端鍋子用的手套等小物件，都可以掛在上面。可以選擇不同的顏色，與廚房的裝潢作搭配。

8

利用可調節的架子，可使洗滌槽下乾淨清爽

⊕⊕$$

洗滌槽下方，因為有自來水管，因此很難使用，若能在自來水管下方，設置可調節高度與寬度的架子，便能夠有效地利用空間。

若考慮到空間的大小，則架子以二段，至多三段為佳。

如果要將位置區隔得較小，可以利用烹飪板或者是塑膠盒，自行做成容易使用的大小，反而更好用。

9 在洗滌槽下利用二根支撐棒形成收藏空間

洗滌槽下方的排水管，無論對任何家庭而言，都是收藏的瓶頸。

可以利用市售的收藏架，或是利用二根支撐棒，就像夾住排水管似的，活用死角的空間。在棒上可以用來收藏鍋類，在棒子上放置架子，則可以收藏廚房用品。

支撐棒的優點，是可以配合收藏的物品，調整其高度與寬度。即使收藏的物品的大小改變，也仍可使用。

10 利用分段式鍋架可以有效活用洗滌槽下方的空間

⊕⊕$$

在洗滌槽下方，收藏幾種不同大小的鍋類時，下方的鍋子往往很難取出。

這時候，可以利用市售的三～四段式的架子，無論取出或放置都很輕鬆，而且能有效活用上部的空間。此外，可以配合煎鍋或鍋的大小，調節架子的高度，這也是優點之一。

11

油膩的鍋子可以利用防震波狀紙收藏

$$

收藏洗滌槽下的煎鍋、炒菜鍋等油膩的鍋類時，因為油膩膩的，容易把四周弄髒。這時候可以利用側面斜切的防震波狀紙箱，將鍋子豎起來收藏，不僅容易取出，而且髒了後可以立刻更換，非常衛生，比起重疊收藏而言，要取出也較為方便。

12 利用掛在門上的架子也能在門板內收藏物品 ⊕⊕$

門板內側也可以利用為收藏的空間。吸盤式的架子必須配合材質，較不穩定，最好採用掛鉤形的架子掛在門上，能夠提昇負荷力，同時也可以收藏切菜板等。

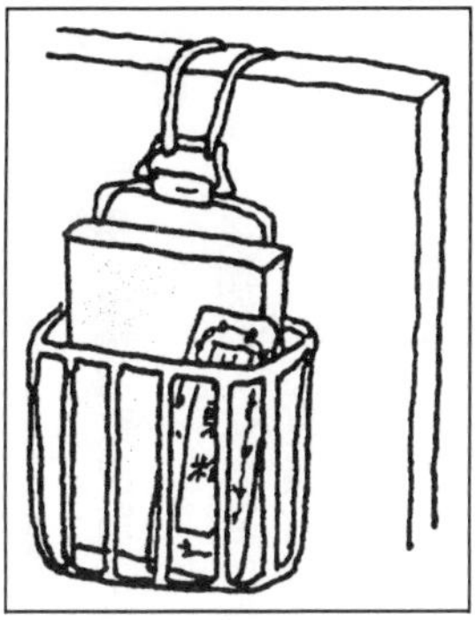

13 保特瓶黏在爐台下的收藏門上可以放筷子 $$

爐台下的收藏空間，可以使你一邊用火，一邊不慌不忙地取出物品的地方。

在門內，用膠帶黏貼上切成適當高度的保特瓶。保特瓶可以放筷子或木片，即使在使用爐火時也能立刻取出，非常方便。

保特瓶的高度可以自由調整，髒了可以立刻更新，對廚房而言，的確是非常好的機能用品。但是必須注意防火的問題。

14 利用滑輪盤取出瓶子較方便

⊕$$

瓶子之類的調味料若收藏在爐台或洗濯槽下，一旦放入深處，不知究竟哪些東西放置在何處？而且要取出也很麻煩。

這時，可使用帶有抽屜的專用架，要取出內側的東西也很輕鬆。二～三段式，上段的架子高度可以調整。

15 瓶子類可利用保特瓶架排列收藏

⊕$$

為各位介紹一種瓶子類的收藏法。

取出時並不須花費時間，這是使用保特瓶架的收藏法。

瓶子擺置的場所可以一目瞭然。具有斜向的角度，取出時很輕鬆，有各種不同大小的尺寸，可以考慮收藏空間及瓶子的數目來購買。

16 大的鍋類可利用箱子作架子重疊收藏

「好久沒有吃火鍋了，今天晚上來吃吧！」但是，要取出重疊收藏的大型鍋、重鍋時，須將疊在上面的鍋類一個個全部取出……實在很麻煩。很少使用的鍋子，可以放在盒子裡，當成架子收藏在洗濯槽上方或下方的架子裡。將盒子的開口朝外，要取出時只要打開盒蓋，直接取出鍋子不必移動盒子，收藏非常簡單。在盒子上貼上標籤，就能一目瞭然了。

17 平整的調理器具可以插在書架上

蒸盤、鐵絲網、小盤子等平整的調理器具，可以插在書架上收藏，以節省空間。

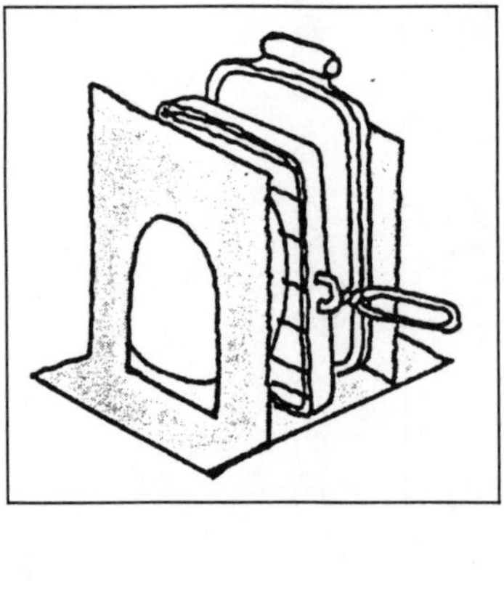

18 保持洗濯槽上乾淨清爽，海綿類可以利用鈎子和繩子吊起來 ⊕ $

洗濯槽上清洗餐具用的網子和海綿，可將網子吊在吸盤鈎上，海綿穿條繩子吊在洗潔精的容器上，如此就不需要裝海綿的容器，洗濯槽也非常乾淨、清爽。

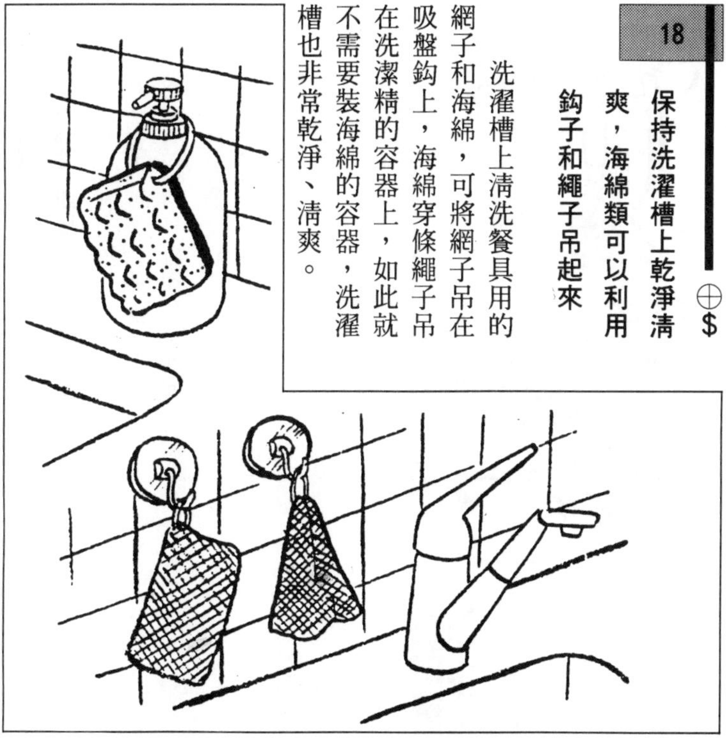

19 在廚房的架子上利用掛架收藏並瀝乾水分 ⊕ $$

平常使用的杯子或玻璃杯等的收藏，可以利用掛在架上的不銹鋼製籃子，洗好的杯子也可放在那兒瀝乾水分。

20

流理台或爐台側放輔助兼用架

⊕⊕$$

在流理台或爐台側面，若有三十公分左右的空間，可以放置輔助台。從左邊開始是流理台、調理台、爐台等依序排列，這時左端為洗濯槽，而右端則可放個台子，暫時擱置調理鍋等，非常好用。可以利用不銹鋼組合器作為輔助台。

餐具類

21 將大小不同的餐具或小物件收藏在同種類的盒子裡

⊕$$

不同形狀大小的餐具，要使它們看起來井然有序，則需放置在同種類的箱子或籃子內做整理。

利用一些大小不同的文具盒作搭配、組合收藏比較好，能夠使餐具產生統一感。籐製的籃子可以收藏餐具架的小物件。大小不同的日式餐具，則可用較大的籃子來收藏。此外，細長的籃子則可以收藏杯子。

22 餐具架強調重點講究美觀

⊕⊕⊕$$

「玻璃面的餐具架內放置各種餐具，看起來非常雜亂，很不好看。」

為各位介紹一項看起來井然有序的方法。

例如，配合板架的大小，裝飾同種的飾品。配合板架的大小裝飾花邊，鋪在各段板子上及餐具下，只要花邊的部份整齊，整個餐具架看起來就會有統一感，給人柔和的印象。而一些「不想讓別人看見的地方」也可以安裝掩飾用的花邊或窗簾。

23 平盤依大小別插在盒子裡 ⊕$$

如果將幾個餐具疊在一起，會覺得很重，而且要取出最下面的餐具時，會覺得很辛苦。這時，建議各位採用直立式收藏法，不但容易取出，而且能夠提昇收藏力。市售的盤架有木製品、不銹鋼製品等。此外，將文件箱以大小別分別使用，也可以擺在餐具架上放盤子。此外，在購買盤子時，將裝盤子的箱子切成兩半，在周圍糊上包裝紙也可以利用。

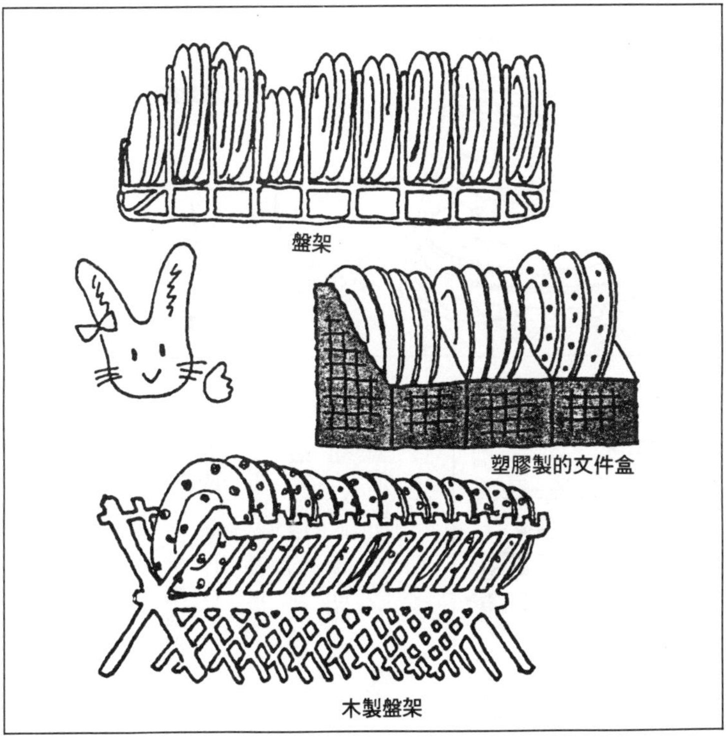

24 依大小別使用分段式盤架看來較清爽 ⊕⊕$$

大盤子、中盤子、湯盤等，大小不均地堆放在餐具架中，非常零亂，若是要取出，會造成極大的不便。

若是使用分段式盤架，依盤子的大小收藏，最大的盤子放於下段，最小的則放在上段，會比較方便收藏。

如此處理，在取出時較為輕鬆，收藏起來也較為清爽。

25 調節板架使每一種盤子都能收藏 ⊕⊕$$$

餐具一旦堆放得太多時，就很難取出了。

可以在餐具架上，將家人最常使用的餐具以人數份分組，每一種都收藏一組，再調整板架的高度，就不會浪費空間了。

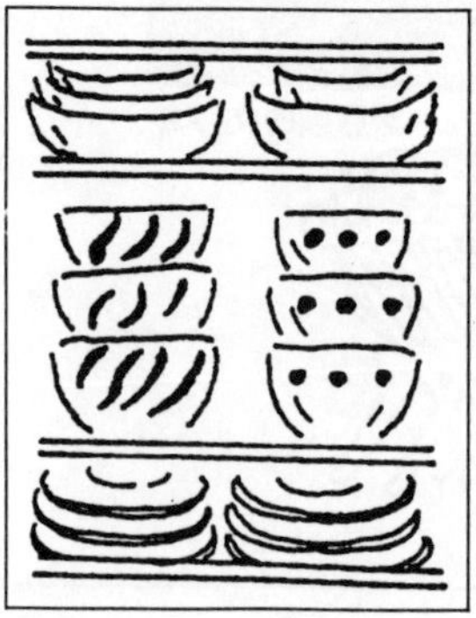

26

利用魚糕板做餐具架上的架子

$$

放在餐具架內側的餐具要取出時非常不方便，這時候若做一個小架子就很方便。做架子的素材可以利用魚糕板、木板，較小的東西如小水杯等可放置其上，非常方便取用。

27 大小不一的日式餐具中間可放墊子或布塊

形狀與大小不一的日式餐具要疊放在一起，實在有些困難。這個時候，可在餐具與餐具之間舖上墊子或手巾等，這樣做可使大小不一的餐具擺放起來較為穩定，餐具也不容易碰撞。

一些較精美的餐具應儘可能收藏在較低的場所。若是收放在較高的地方，極可能在取出、放入時因為不小心而掉落地上，或在地震時震落而摔碎，必須要小心。

28

大盤子放在有襯裡的信封中直立放置

在過新年或是宴客時才會取出來用的大盤子因為太佔空間，有時候無法放入盤架內。這類大盤子可以放入帶有襯裡的信封中，直立放置於洗濯槽下方的角落空間裡。帶有襯裡的信封有各種不同的大小尺寸，在文具店內可以買到。

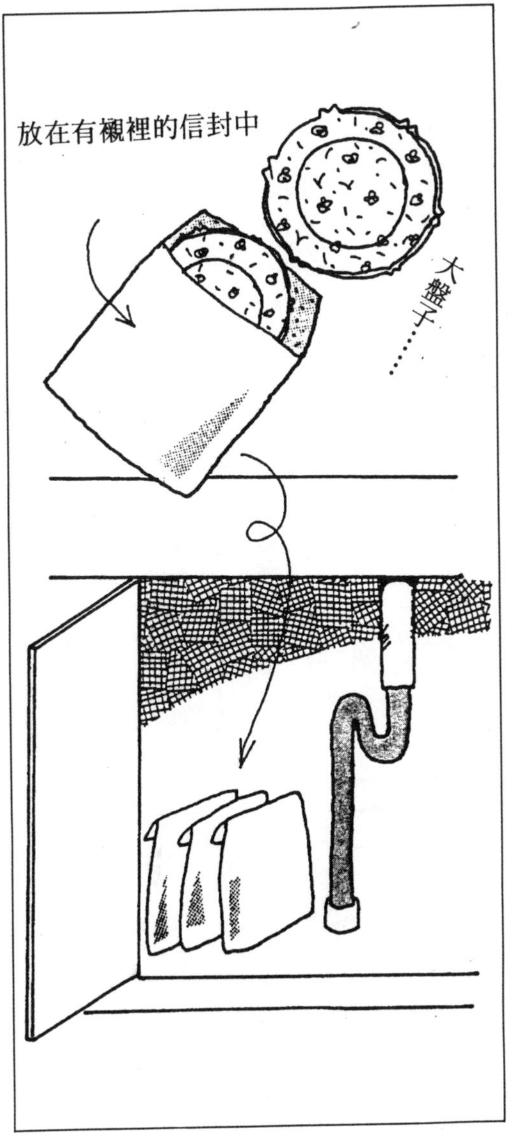

29 飯碗和大碗以朝上朝下的方式交互排列 ⊕

飯碗或大碗等上方形狀較寬的餐具如果疊放得很多，會不穩定。但是如果不疊放在一起，又沒有可放置的場所，令人感到非常困擾。

這種餐具若是以朝上以及朝下的方式交互排列，便能夠達到有效的收藏。

30 收藏茶杯可用吊杯架較為方便 ⊕$$

自己喜歡的茶杯，可能是美麗的飾品，但是往往苦於無空間可收藏。

要解決這個令人擔心的問題，可以使用吊杯架，將茶杯收藏在餐架裡。

形狀非常單純，只要將旋轉式的餐架調高，再加上杯子用的吊杯架就可以了。

這樣一來，喜歡的茶杯不但能夠收藏，而且在取出時也不必太過於擔心。

31 ⊕⊕$ 在餐具架的板架上放置鉤子吊放收藏

注意一下你的餐具架，是否覺得餐具上的空間太浪費了呢？如果能夠強調使用的話，就能收藏相當多的量。如果能在板架上使用鈎子或安置支撐棒和掛窗簾棒，就能夠吊很多東西了。

在這兒放咖啡杯，杯子下面放碟子，取出時也較為輕鬆，此外也可以掛開瓶器或開罐器，若不想損害架子的話，使用支撐棒是最適合的，但是必須先確認能負荷的重量再安裝。

廚房的小物件與食品

32 抽屜可以放兩層的分隔盒

⊕⊕$

湯匙、叉子或筷子等放入抽屜內時，若能放在兩層的分隔盒中比較好。

當然，這需要使用較高的抽屜，也是它的困難之處，但是使用分隔盒的確深具魅力，下段放置不常使用的東西，上段則放置經常使用的東西，分開收藏更富有機能性。

購買時必須要確認抽屜以及分隔盒的尺寸。

33 蔬菜水果放在籃子裡更增美麗 ⊕$

不需放在冰箱的蔬菜或水果，洗淨之後放在木製或籐製的籃子內，可增添廚房的美麗。當然，也要注意放籃子的台子，以及配色的問題。

34 小物件類利用不常使用的杯子收藏更為清爽 ⊕⊕$

朋友送的杯子，是否經常被你放在架子裡而不取出來使用呢？「雖然不是自己喜歡的，但這是朋友送的結婚紀念品，捨不得丟棄。」

像這類杯子可以用來放湯匙、叉子、刀子等小物件，就能達到清爽的收藏，但是一個杯子內放得太多，會顯得太擁擠。因此像叉子專用杯、小物件專用杯等，別忘了事先加以分類。杯子放在不常利用的餐具前擺設，就能有效利用空間。不只是這些小餐具，其他如長筷子、打蛋器等調理用小物件，也可以利用這個方法整理。

35 牛奶盒可以放在抽屜裡應用

湯匙、刀子等要放在抽屜裡時，可以利用牛奶盒。將注入口部分切掉，再將盒子對半縱切，側面貼上雙面膠。

小叉子、竹籤等，可以利用右記對半縱切的牛奶盒放置，較容易整理。同時，將對半縱切的牛奶盒側面互相黏貼，底部則用雙面膠固定。

這樣就能做成分隔盒，配合應用而產生多種變化。

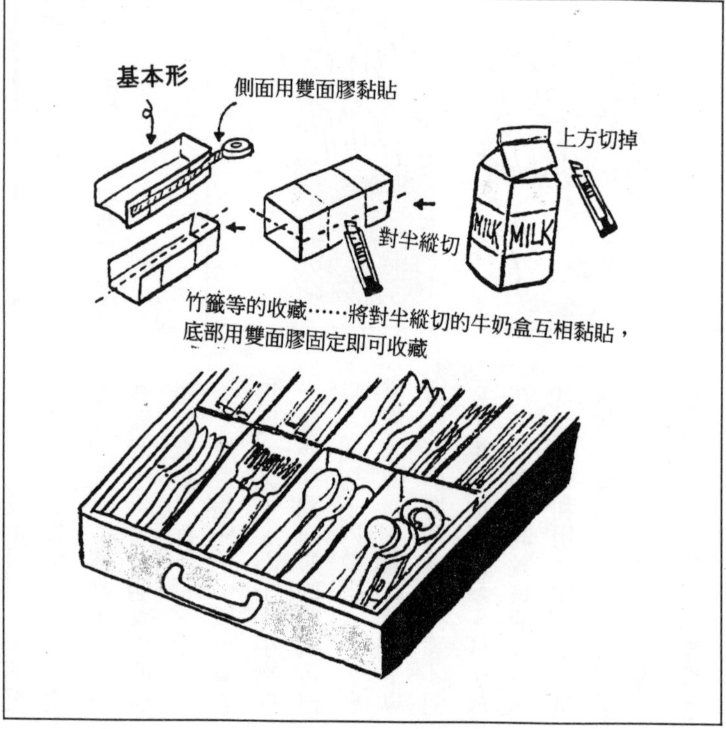
基本形
側面用雙面膠黏貼
上方切掉
對半縱切
MILK
MILK
竹籤等的收藏……將對半縱切的牛奶盒互相黏貼，底部用雙面膠固定即可收藏

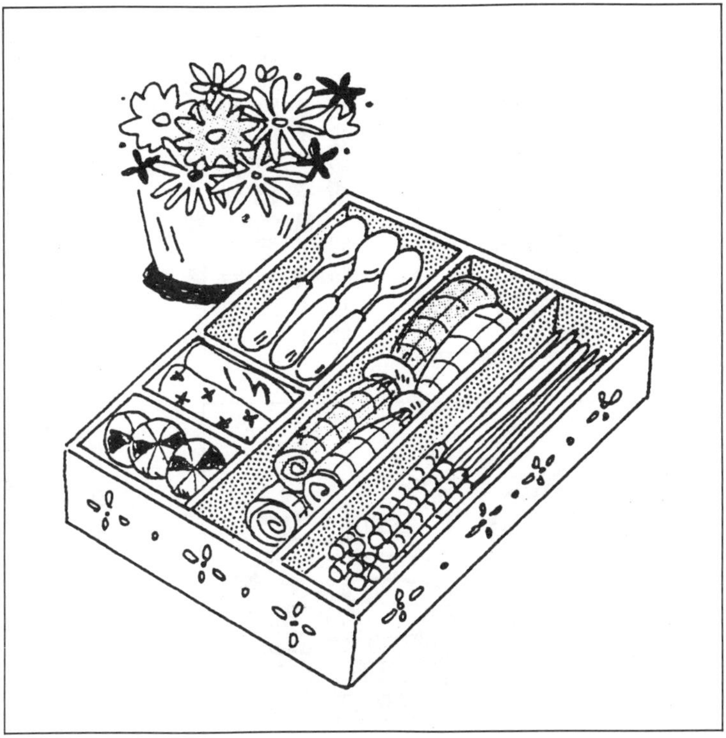

36 將分隔盒放在托盤上擺上餐桌

在用餐時可以使用分隔盒。但要一一由收藏的場所取出，擺放時非常麻煩，因此可以放在小托盤上端上餐桌，這就是餐廳經常使用的方法，在客人來的時候，可以直接將分隔盒用在各種場所，非常方便。

分隔盒的顏色為了和抽屜能夠搭配，因此要準備好幾組，以便強調色彩。可以配合季節、料理或桌巾等，享受不同的樂趣。

37 餐墊可用保鮮膜棒捲起，插在籃子或盒子裡

⊕ $

餐墊最好不要弄皺，而使用平滑的餐墊。這時可以用保鮮膜棒捲起，把它插入籃子或乾淨的空盒子裡，不但不會形成皺褶，同時也能夠裝點廚房。

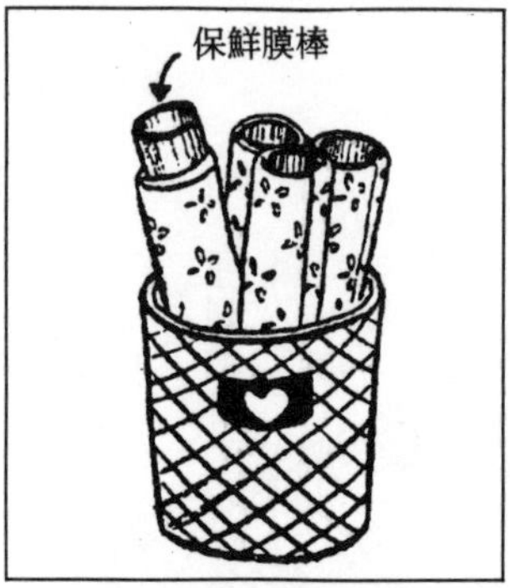

38 抹布放在籃子或盒子裡隨時可以攜帶

⊕⊕ $

清潔用的抹布，在廚房裡是不可或缺的。但是放在抽屜裡，體積太大，若是掛著，又欠缺清潔感。這時，可以把抹布疊好，放入長方形的籃子或是盒子裡，不要重疊，要直著放，如此既整齊，又能夠放置不少抹布。

必要時，隨時都可以移動，易於取出，不必選擇放置的場所。此外，若是較高的籃子，則不要將抹布疊起，要捲起來插著收藏，如此較易取出，而且看起來較為清爽。要選擇具有清潔感的籐籃，或是透明的塑膠盒較好。

39

濕抹布要放在不明顯的地方使其乾燥

「廚房裡到處掛著抹布，看起來好像是『昔日的廚房』似的……」

但是，濕的抹布也不可能放在抽屜裡收藏

這時，可以選在通風良好的廚台側面安裝橫杆掛放抹布，秘訣是將它放在視線下方，不明顯的地方收藏。

40 利用抽屜型的文件整理盒整理廚房的小物件
⊕$$

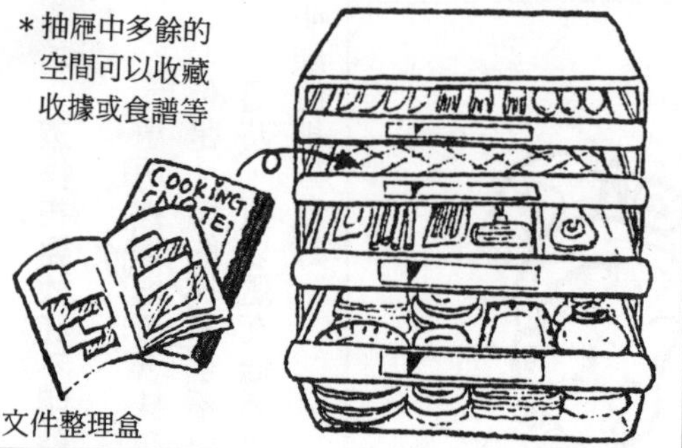

＊抽屜中多餘的空間可以收藏收據或食譜等

文件整理盒

如果在餐具架上收藏小酒杯等小物件，會浪費上方的空間，這時候最好利用抽屜型的文件整理盒。因為它的分隔較淺，所以不會浪費空間。像小碟子或是筷子、小酒杯等，可以依種類別收藏，如果放入分隔盒，就可以分開來使用。竹片、開瓶器、開酒瓶器等，都可以收藏於其中。

為了保持清潔感，及使抽屜中的東西不易滑落，最好在抽屜內舖上抹布，抹布最好選擇彩色的抹布。如果抽屜還有多餘的空間，可以收藏筆記本或檔案文件，也可以當作收據的保管場所。

41 洗髮精用的架子可放在廚房收藏調味料
⊕$$

浴室用的洗髮精所使用的架子，可用來收藏廚房的調味料。斜放較易取出，收藏在架子內或取出都非常方便。

洗髮精用架子

錄音帶收藏架

42 錄音帶架可當作調味料架 ⊕$$

開放式錄音帶架可以當成調味料架來活用，因為深度較淺，放在廚房窗邊，或是掛在牆上都不會造成妨礙。而且也是很好的裝飾品。

大小和顏色設計都非常齊全，因此可以配合設置的場所，或是擁有的調味料數，和整個廚房的印象來搭配組合，自由選擇。此外，事先將價格略貴，但品質較好的長銷型商品先購買齊全，等到以後要再補貨時，看架子上的存貨就能夠一目瞭然，不會零亂，非常方便。

43

開封過的袋子用直立夾夾住

⊕ $

開封後的袋子等，如果不好好收拾，就不能再使用了。

此時，可用直立夾夾住袋口，貼在鐵絲網或冰箱上，容易取出，也不會忘記。

如果沒有直立夾，可以利用網子，在網子上掛鈎子，再利用夾子夾住袋子，掛在鈎子上即可。

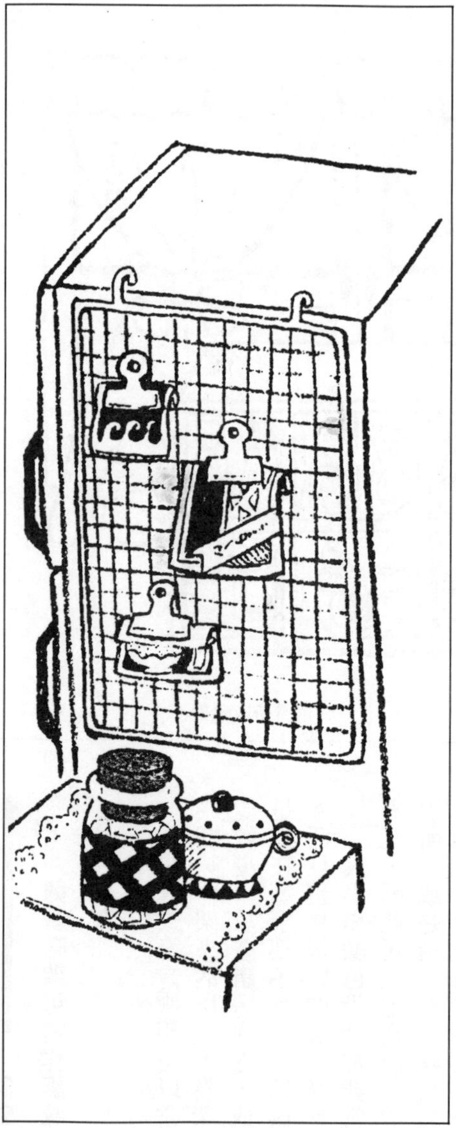

44 用過的食品放在帶有拉鍊的塑膠袋中收藏 ⊕ $

乾物類食品可放在帶有拉鍊的塑膠袋中收藏，若是透明塑膠袋，就知道裡面裝的是什麼東西，取出時較為輕鬆，而由於帶有拉鍊，所以能夠防止濕氣。

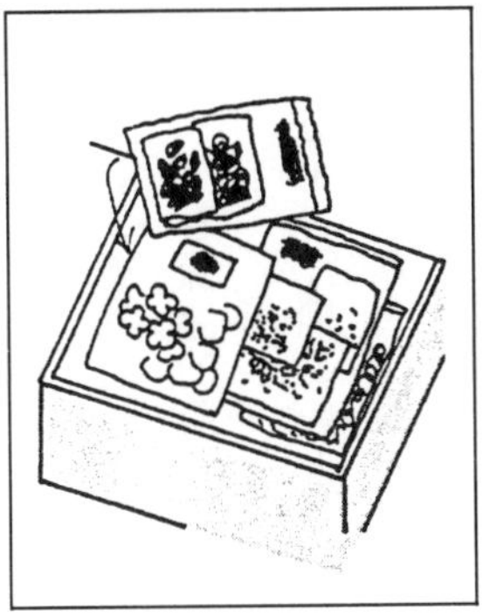

45 桌上調味料放在籃子裡端上餐桌 ⊕ $

料理已經準備好了，打算吃的時候，正準備坐下來，卻發現忘了拿醬油……像這樣的情形經常出現。

在餐桌上使用的調味料放在塑膠籃中，用餐的時候連整個籃子都提到餐桌上即可。

46 利用三段式垃圾箱收藏可以貯存的貨品 ⊕ $$

垃圾箱不一定非要裝垃圾才行。三段式垃圾箱可以收藏乾物類、罐頭、保鮮膜類等可以貯存的貨品，因為箱子是斜放的，所以容易取出。

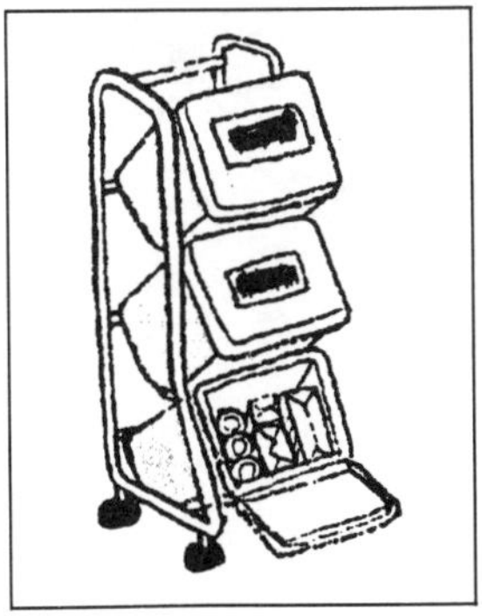

47

乾物或通心粉類可以放在漂亮的瓶子中

豆子、洋栖菜、香菇等乾物類，或義大利麵和通心粉等，一旦開封後，以放在瓶子裡收藏比較好。

可以利用咖啡罐或果醬瓶等空瓶來收藏。

可以選擇一些大小形狀不同的瓶子擺放在一起，也是一大樂事。

選擇的時候，一定要選擇蓋子能夠緊緊密閉的瓶子，而工作場所及廚房的整體印象也必須要考慮。

48 義大利麵可以放入保特瓶中

義大利麵和乾麵條等麵類，通常無法一次用完，這時候不要直接放在袋子裡，要放入洗淨、乾燥的保特瓶中直立收藏。由於瓶口是密合的，所以能形成密閉狀態。

此外，義大利麵一次可以取出一人份弱（80～90g）的量，要計量也非常方便。

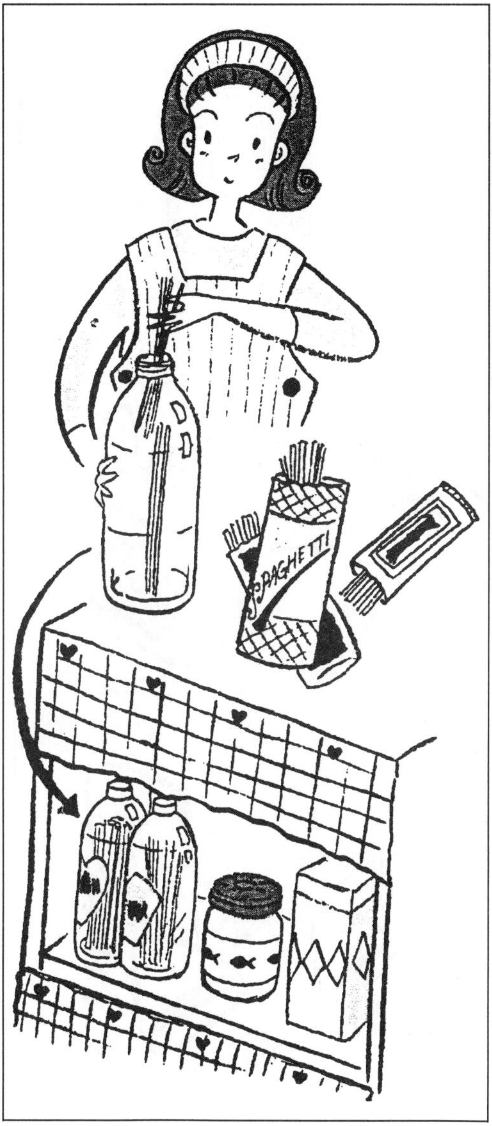

49 超級市場的塑膠袋可以摺成三角形收藏

超級市場的塑膠袋的確非常好用，若直接放置會太佔空間，而且亂七八糟的，要取出時可能一次取出太多，而令人覺得心慌意亂……

一般的收藏方法是將袋子全部放在一個袋子內，然後綁緊，但是還可以把塑膠袋摺得更小，較容易提昇收藏力。有幾種收藏方法，一種是完全去除空氣之後，摺成細長的帶狀，再摺成三角形的方法，就能使塑膠袋變得更袖珍了。

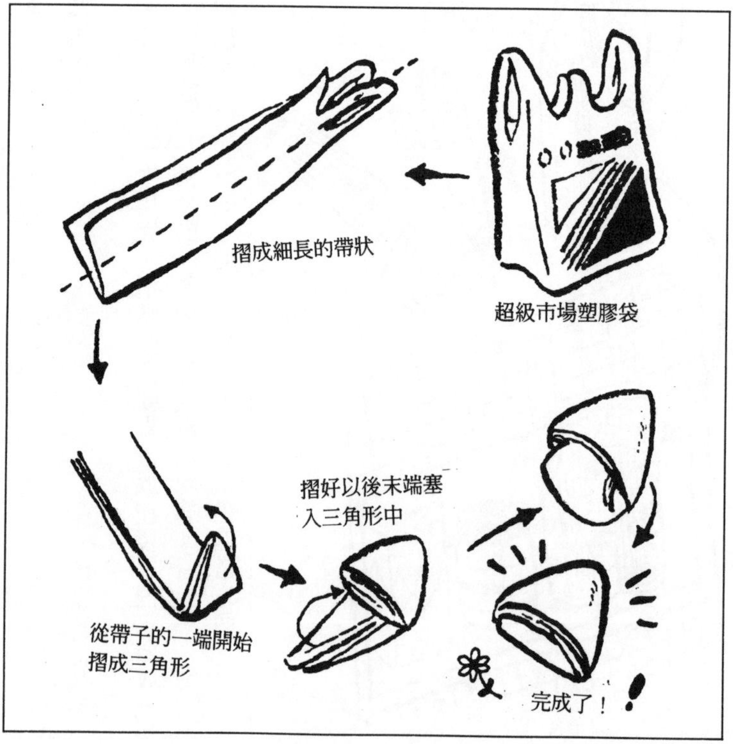
超級市場塑膠袋
摺成細長的帶狀
從帶子的一端開始
摺成三角形
摺好以後末端塞
入三角形中
完成了！

50 ⊕$$ 塑膠整理盒可以放在廚房使用

用來放衣物的塑膠整理盒，有的可以放入乾燥劑密閉收藏，而大小也非常齊全。而這些衣物整理盒也可以當成廚房的收藏盒來利用。像義大利麵、麵粉等，可放入密封罐中，罐頭或開封前的瓶子，也可以放在這些塑膠整理盒內收藏。

當然，利用頻度較高的要放在上面，而可以貯存的物品則放在下面，取出時就不會覺得痲煩。或者可在上段使用密閉盒，下段採用抽屜型的盒子，使用起來較為方便。

若是空間較狹窄時，也可以利用食品用密閉容器。

51 ⊕$$$ 滑輪式書架也可用在廚房收藏食品

滑輪式書架在廚房內也可用來收藏罐頭及保存食品。可配合收藏物調節板子的高度，如果擔心滑輪架掉下來的話，可以用橡皮帶固定。

滑輪式書架

52 在食品儲藏庫中並排幾個籃子依種類別整理

在食品儲藏庫中，你是否會塞滿一些乾物類呢？如果要取出放在內側的東西時，往往非常困難。這時候可以購買一些籃子，按照大小排放在架子裡，依照食品種類別加以整理，在取用時也就非常方便了。

食品貯藏庫

冰箱

53 冰箱內可採用易於取出的滑輪式收藏

為了方便取出放在冰箱深處的東西，可將它放在托盤上，以滑輪的方式取出。

當然，冰箱的深度各有不同，而托盤可以使用邊長三十～四十公分的較為方便。而調理用的大盤子，因為冷氣傳導力極佳，因此放入盤中的東西也很容易冷卻。

調味料等，因為瓶子具有高度，因此在滑動時有可能會倒下來，所以最好配合冰箱內部的大小選用籃子來收藏。

54 利用二個相連的牛奶盒收藏葉菜類

葉菜類以直立保存較好。這時可以使用二個切開的牛奶盒，利用膠帶黏貼固定以後收藏葉菜類。

55 用塑膠盒收藏管狀調味料

管狀調味料放在冰箱裡，是不是偶爾會找不到呢？可以用膠帶將幾個塑膠盒黏貼起來，放在冰箱中，再把管狀調味料放入其中，就容易找得到了。

56 在冰箱網架上掛S形鉤子也可收藏東西

只剩少量的醃製菜或用過的蔬菜，放在密閉容器中，反而會佔據冰箱裡的空間。如果是較輕的東西，可以放入塑膠袋內，掛在吊於冰箱網架上的S形掛鉤上作整理。

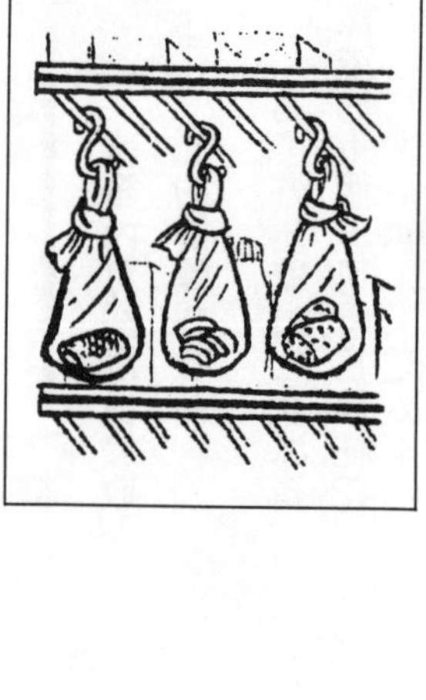

57

利用文件盒將瓶子、罐子直立收藏

⊕$

直立的瓶瓶罐罐，可以利用文件盒放置，擺在冰箱中收藏。一個文件盒可以收藏大瓶啤酒四十瓶，三五〇公升的罐裝啤酒若以二段式方式收藏，可以收藏八瓶。若是冷藏室已經塞滿，沒有可以冰飲料的空間，這時可以將文件盒放在蔬果箱中。

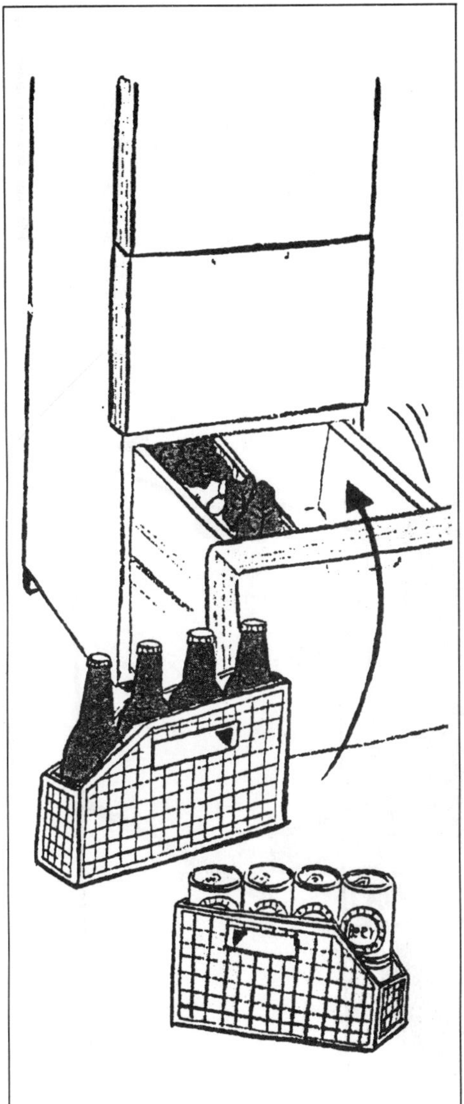

58 利用強力磁鐵將衛生紙盒黏在冰箱門上

強力磁鐵除了能夠黏保鮮膜以外，也可以有許多其他的用途。

帶有橡皮帶的磁鐵可以掛毛巾或抹布。

衛生紙盒也可以利用磁鐵黏在冰箱的門上，先用美工刀將紙盒的底部切開，再放入二個磁力條，並排放二列，利用磁力就能夠黏在冰箱的門上。

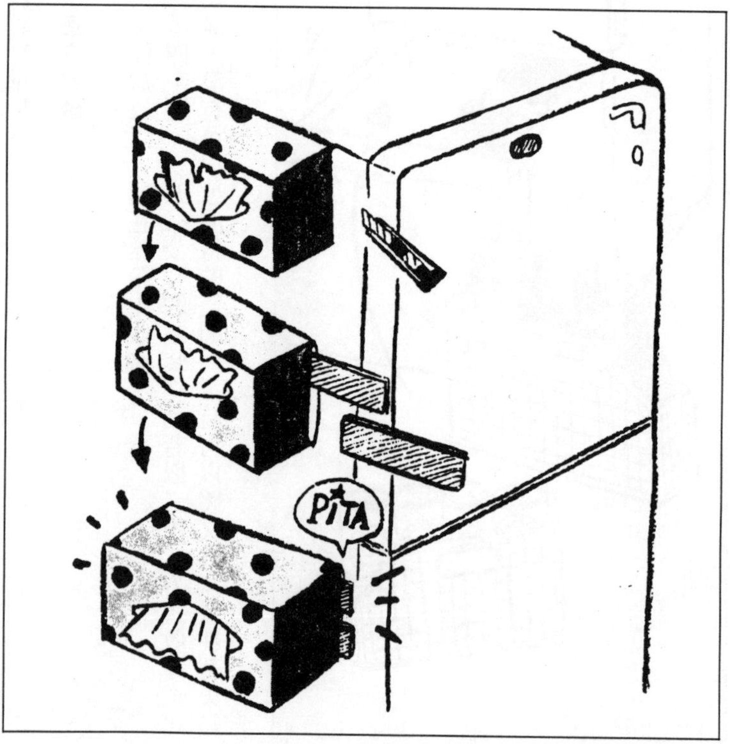

現代化廚房

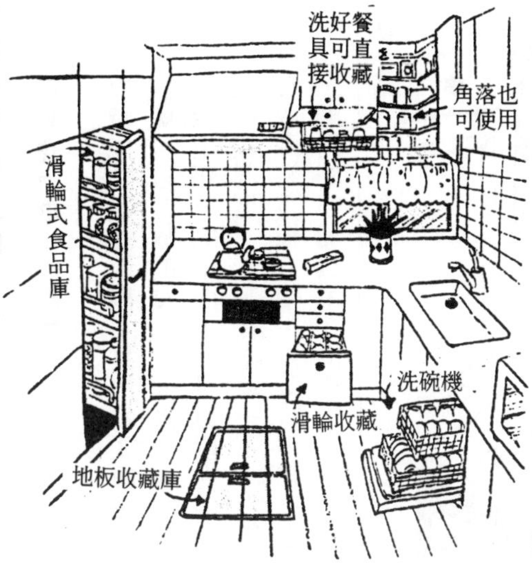

現代化廚房的形態大致分為 4 種。一種是只有烹調空間的獨立型，還有利用櫃子等隔間的半開放型，以及廚房與餐廳合而為一的開放型，而流理台或洗濯台並偎貼壁，像是海島一般的，則稱為海島型。

59

$$$ 考慮到容易使用的問題使現代化廚房具有各種收藏機能

現代化廚房有各種形態和設計，各廠商都分別推出很多富有機能性的現代化廚具。為了強調使用現代化廚房，在選擇的時候也必須考慮到自己的生活形態，使用的情形，以及設備機器的種類等等。

在此，為各位介紹一下現代化廚房的一部分機能。

如果廚房設有重新裝潢的話，必須和市售品搭配組合，配合自己的構想加以應用，使廚房容易使用。

60 能夠迅速取出的滑輪式收藏 ⊕$$$

使用時能夠迅速取出，是滑輪式收藏的優點。

①收藏可以存放的食品。因為一次拉出來的時候，可以看到存放成好幾段的東西，所以能夠一次取出想要的東西，而且可以從兩側取出。

②寬度較薄型。安裝在小爐子下，上段放香辛料，下段放沙拉油或醬油等，可以迅速取出，且在收藏時也很方便，做菜時用起來更爲方便。

③烹調用的小器具吊在滑輪式網上，在烹調時也可以輕鬆取出。

61 有效活用肉眼看不見的空間的地板收藏庫

⊕$$$

可以做為收藏空間的地板。

中空的地板下的空間非常寬，可以收藏梯子或當作附帶照明的大型收藏庫。

此外，還有做成冷凍庫式的地板式冰箱，或是一按開關，收藏庫就能夠升起的電動升降型收藏庫。

松下電工

62 利用死角的旋轉式角落架 ⊕$$$

不易收藏的L形角落使用旋轉式角落架，效果非常好，最近非常流行，成為現代代化廚房的至寶。

63 手推車可以從櫥櫃中輕鬆拉出 ⊕$$$

打開櫥櫃可以直接拉出帶有輪子的手推車，因為附有網籃，所以放個木板在籃子上面，必要的時候可以當成配膳台使用。

松下電工

64 超音波洗淨餐具 ⊕$$$

輔助洗滌槽可以當成餐具洗淨器使用，超音波可以將餐具洗乾淨，只要再略沖洗一下就ＯＫ了。

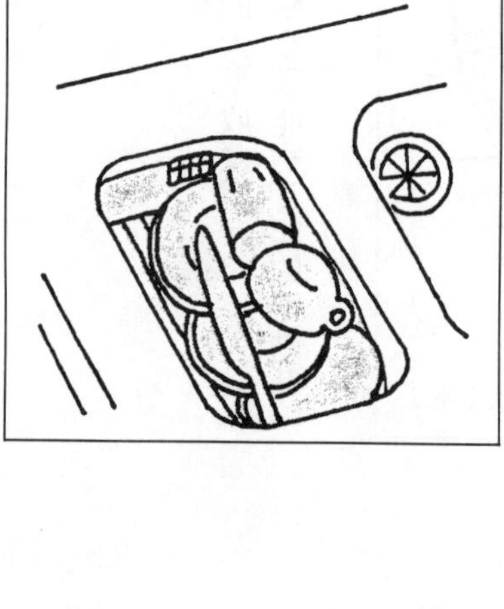

第二章 壁櫥、房間篇

壁櫥

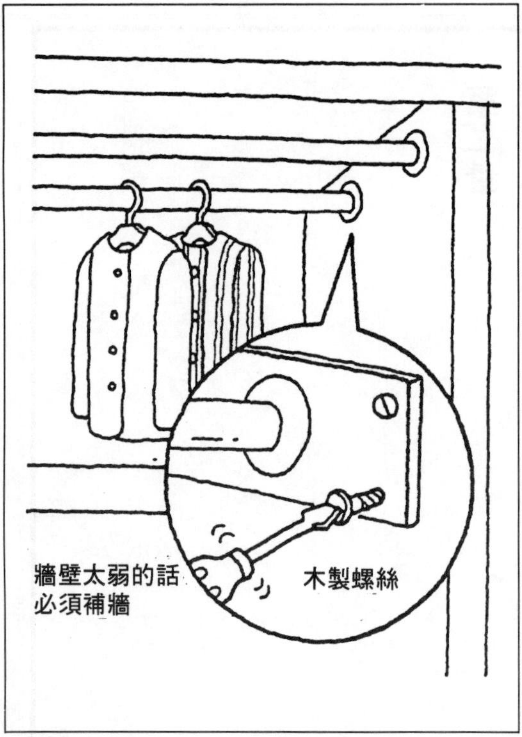

65

利用支撐棒有效活用壁櫥空間

⊕⊕⊕$$

將支撐棒安裝在壁櫥內，就能夠利用內部的空間，配合空間準備好架子。如果空間較大的話，可以使用二根支撐棒，在前方放使用頻度較高的服裝，在後方放換季後換下來的服裝。在支撐棒的外包裝上，記載安裝的尺寸以及負荷的重量。但要先測量安裝場所的尺寸再購買。此外，也要用手敲打牆壁確認強度，如果太弱，就須利用黏膠或木製螺絲安裝補牆板。

66

壁櫥內部安裝滑輪式吊架取出較輕鬆

⊕⊕$$

在壁櫥內部安裝吊架時，最好購買滑輪式吊架，較容易取出放在內側的衣服。

使用支撐棒時，不能掛太多衣服，為避免衣服掉下來，要考慮到負荷重量的問題，如果擔心的話，就不要使用支撐棒，以選擇用螺絲固定型較好，因為釘子的構造可以牢牢地固定。

＊使用滑輪式取出方便！

＊考慮負荷重量的問題，選擇可以用螺絲固定的製品

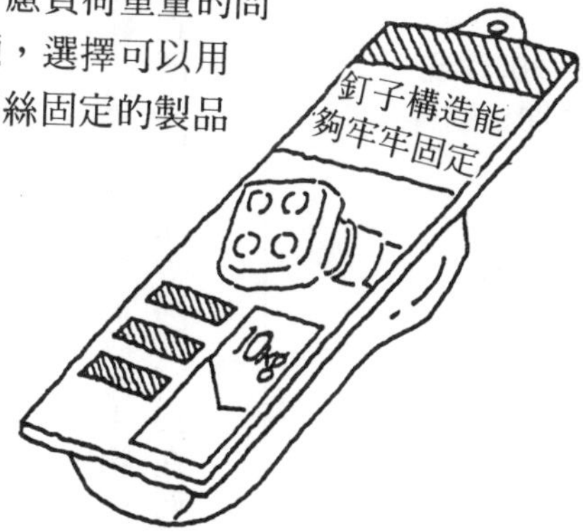

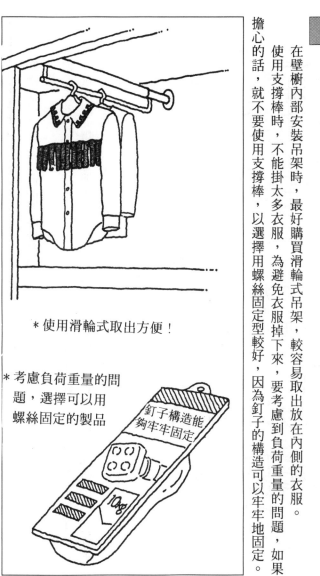

67

利用網子在壁櫥側面的空隙收藏小物件

⊕⊕$$

壁櫥側面的壁如果有空隙，可以安裝鐵絲網，使用S掛鈎，或是利用網籃收藏小物件。

此外，收藏間隔間用的壁櫥可利用滑輪式網架，較易取出放在深處的物品，同時可以在網子上掛袋子，或是利用鈎子收藏袋子。

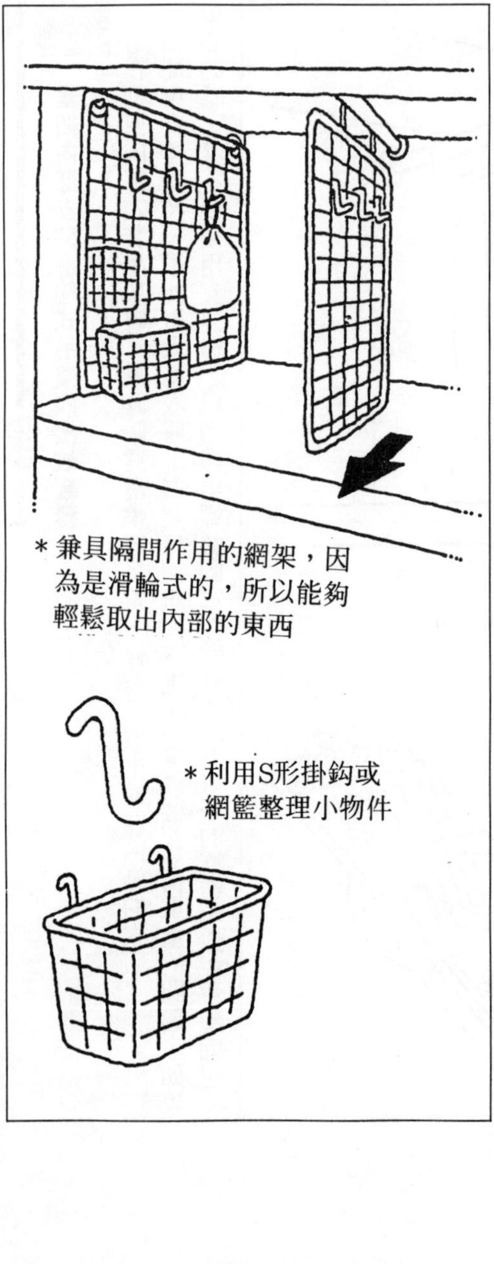
＊兼具隔間作用的網架，因為是滑輪式的，所以能夠輕鬆取出內部的東西
＊利用S形掛鈎或網籃整理小物件

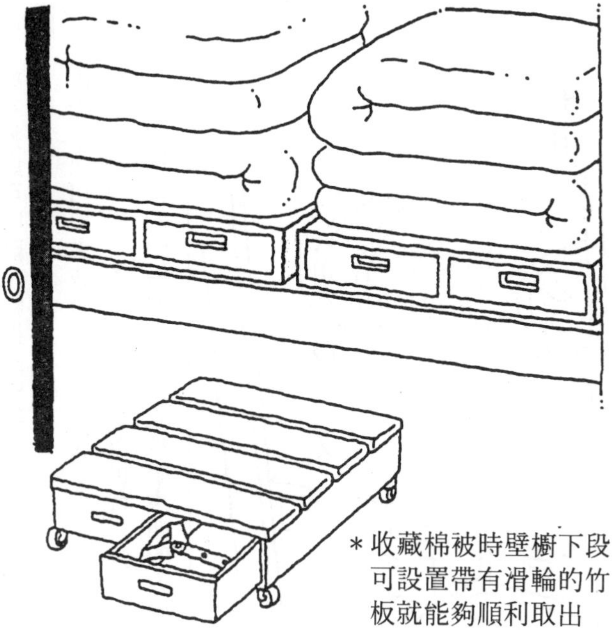

＊收藏棉被時壁櫥下段可設置帶有滑輪的竹板就能夠順利取出

68 在棉被下安裝帶有抽屜的竹板 ⊕⊕$$$

在壁櫥中，如果堆放的棉被上方還有空間的話，有時無法利用。

這時可以將空間移到下方，在棉被下放置帶有抽屜的竹板等。可作為收藏小物件或是睡衣的場所，使用起來非常方便。

如果帶有滑輪的話，要拿出棉被也非常輕鬆，同時，即使未附有抽屜，但是在壁櫥的收藏上也是至寶。市售的壁櫥專用的防濕、防霉的竹板都可以購買。

69 帶有抽屜可收藏小物件的中板可作隔板使用

⊕⊕$$$

在中板上，可以做成帶有抽屜的板子，如果預定要改裝的話，要和裝潢業者商量，重新改造帶有抽屜的中板，帶有抽屜的中板也有一些市售品出現。

∴可以利用單純的隔板變成能夠收藏小東西的方便抽屜，以收藏收據或保險卡等。

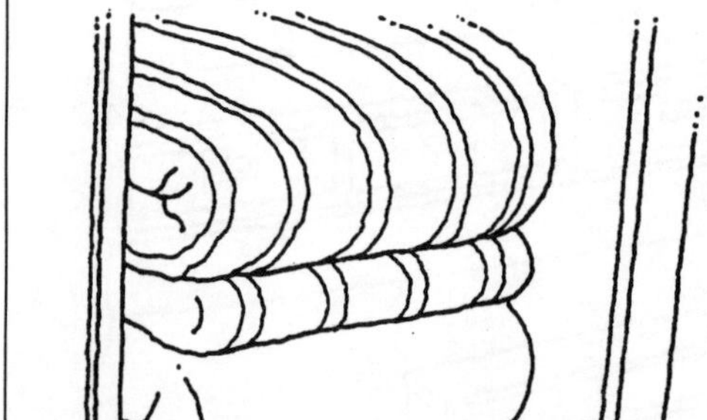

＊可以用來收藏小物件的重寶

70 中板下使用滑動式籃子 ⊕⊕$$

打算有效利用壁櫥內少許有效的空間，若是中板下有空間，可安裝滑動式的籃子，可放置小物件或睡衣。

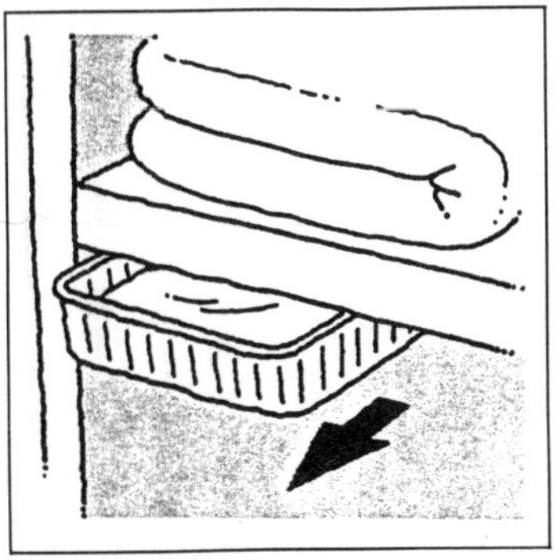

71 壁櫥專用的手推車可進行直立形收藏 ⊕⊕$$$

壁櫥內用的手推車可採用直立形收藏的方式，輕易將手推車拉出來，取出裡面的東西。

此外，一些散落的雜誌等，也可以放在手推車上，看來較整齊、乾淨。

72 利用壁櫥的空間放置組合架 ⊕⊕⊕$$$

配合收藏空間放置市售的組合架，使用起來非常方便。

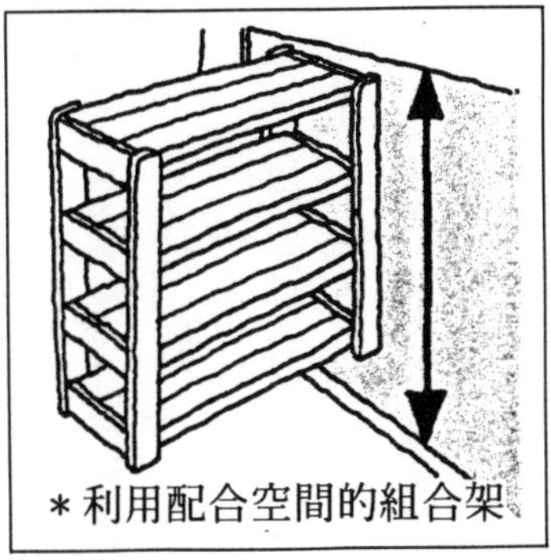

＊利用配合空間的組合架

73 壁櫥中堆滿衣物盒 ⊕⊕$$$

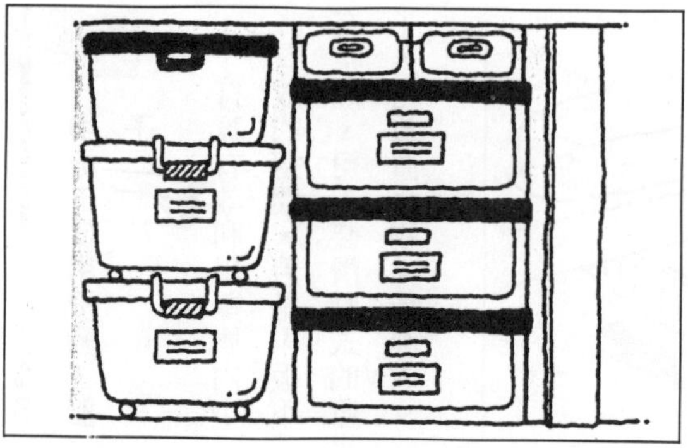

壁櫥活用法的藝術是堆滿衣物盒。因此首先要測量壁櫥的尺寸，同時要依衣物的量，和項目的不同來收藏。收藏大衣或長褲類的盒子可以放在深處，讓車輪在蓋子兩端的溝上滑動，就能夠輕易移動上方的盒子。此外，蓋子是密閉的，可以防蟲、防霉，想要長年保存的書或相簿等，也可以收藏於其中。

另外，依尺寸、用途、素材別等，有很多市售品，可以巧妙搭配組合。使用帶有滑輪的盒子，就能夠輕易拉出了。

74 利用壓縮袋使坐墊節省收藏空間 ⊕⊕$

利用棉被壓縮袋可以收藏座墊，節省空間，同時也可以用來收藏寢具、棉被等。

平常不使用，客人來時才用得著的座墊可利用壓縮袋來收藏。

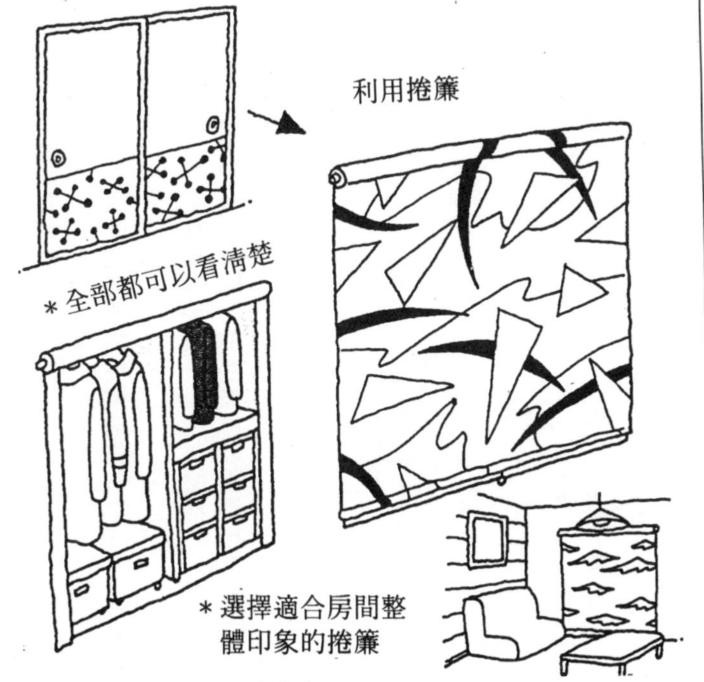
利用捲簾
＊全部都可以看清楚
＊選擇適合房間整體印象的捲簾

一單位壁櫥可以使用 2 個捲簾

75 利用捲簾代替壁櫥的門

⊕⊕$$$

若利用壁櫥的門，有時門要往左邊推，有時要往右邊推，沒有辦法一次看清楚放在壁櫥內的所有東西。同時，門會限制壁櫥的寬度，有時要拿東西很不方便。

為了解決這個問題，可以利用捲簾代替門，只要用一隻手往上捲就可以一覽無遺，較容易挑選衣服。可以選擇富有色彩及模樣變化的捲簾，配合房間的整體印象作選擇。

76 羽毛被可以用絲襪綁住縮小空間 ⊕⊕$

利用吸塵器吸除空氣的棉被壓縮袋非常好用，可以使棉被厚度縮小為幾分之一，確保收藏的空間。

但是，像羽毛被或羊毛被一旦空氣壓縮時，就會失去原先的膨脹感。

放在壁櫥中會佔空間的羽毛被可以摺疊起來，因舊的絲襪綁緊，就能縮小空間。

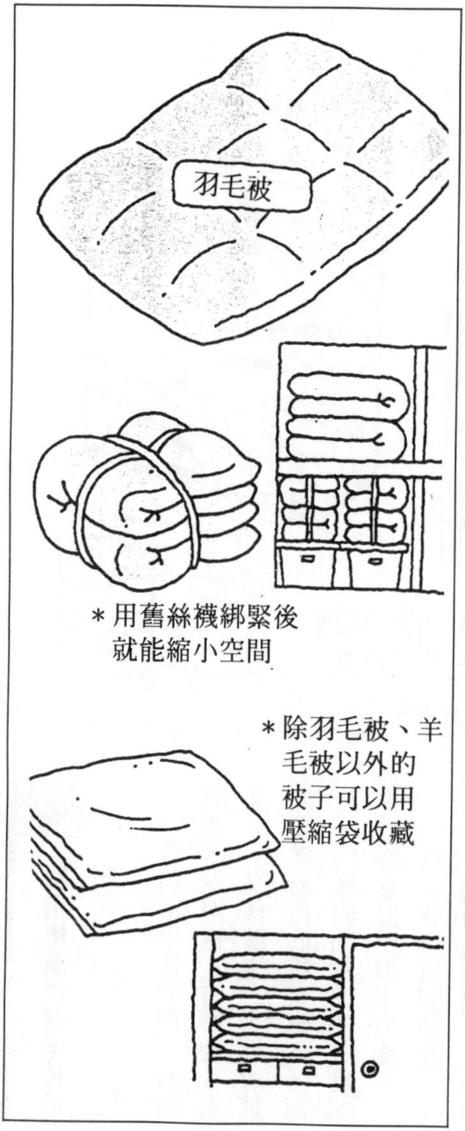
羽毛被
*用舊絲襪綁緊後
就能縮小空間
*除羽毛被、羊毛被以外的被子可以用壓縮袋收藏

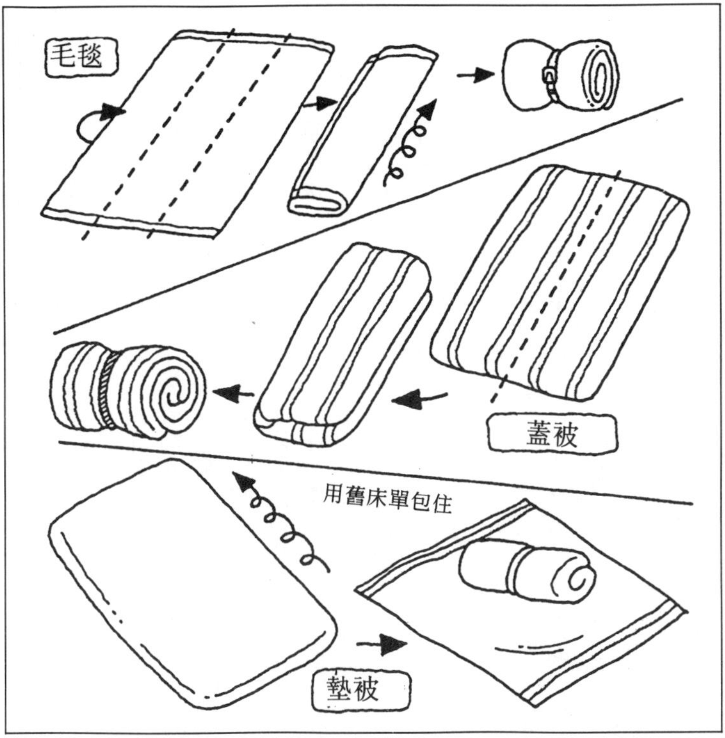

77 將棉被捲起來收藏可以縮小空間

會佔據空間場所之王的「棉被」的收藏法，大多是摺疊堆放，但是若捲起來收藏的話，就能夠節省空間，取出也較為方便。

墊被直接捲起，毛毯則直的摺成三摺，蓋被則對摺後捲起，蓋被則對摺之後捲起，利用皮帶或尼龍黏帶固定，直立收藏在壁櫥中。

客用棉被或毛毯等，配合季節使用的寢具，只要收藏在懸空式的壁櫥中即可。若要將棉被捲起來收藏，只要利用舊床單包住收藏即可。

78 棉被用布包可當作靠墊使用 ⊕⊕$

很佔收藏空間的客用棉被，用布包住可當作靠墊使用。

準備好具有滑順感的布，做成筒狀袋子，將捲成圓形的棉被放入，兩端用繩子綁住，就能夠當成靠墊使用。或是將兩端縫起來，用繩子穿過綁緊，也是可以。

若是有較大的布，可以將捲成圓形的棉被用布包住，將兩端塞入棉被中央即可。

因為是可以看得見的收藏，所以要注意與房間的搭配。如果是兒童房的話，可以做成糖果形；若是和室，則可用碎白點的花布塞入兩端，依房間之不同而改變包裝的方式。

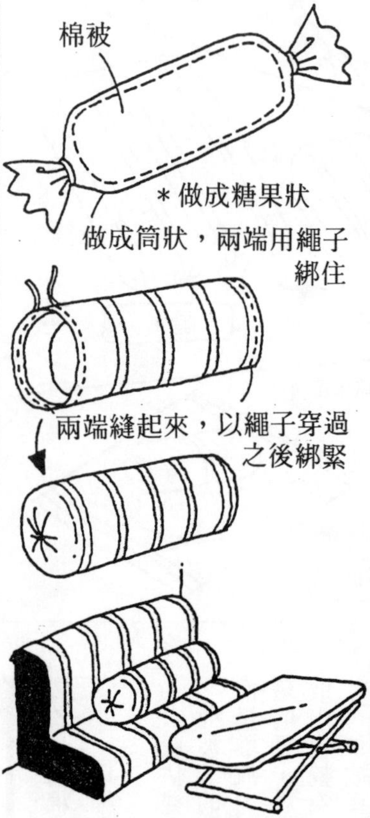
棉被
* 做成糖果狀
做成筒狀，兩端用繩子綁住
兩端縫起來，以繩子穿過之後綁緊

* 依房間的不同改變包裝法

79　衣櫥上放籐籃，收藏時不會有違和感　⊕$$$

衣櫥上也是不容忽視的收藏空間，但若是透明的衣物盒，感覺就像是沒有收藏場所才放在那兒似的。

這時候可以使用籐籃，它能與衣櫥搭配，不會產生違和感。

80　平常不使用的物件要列表記錄　⊕⊕

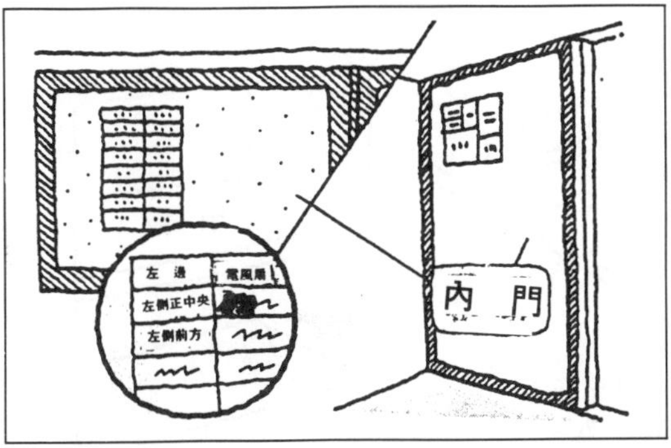

平常不使用的物件，放在壁櫥上方或較高架子上時，無論拿進拿出都很不方便。通常會收藏在不明顯的場所。因為不使用，而且又放在不明顯的場所，有時會忘記到底放在那兒了。有時因為認為「嗯～，好像放在這裡面吧！」結果卻把壁櫥內所有的東西都拿出來了。

為了避免出現這種情形，因此要製作收藏品的系列表，每一個收藏空間都用這份收藏品的系列表，是最理想的作法，但是這是需要耐性的工作。

因此「容易忘記的收藏場所」的系列表一定要好好地做出來，貼在每個門的內側，讓每個家人都了解。

81 向取出中板挑戰 ⊕⊕⊕

為了更自由使用壁櫥，取出中板是很重要的工作。最重要的作法是只要拔下釘子就可以了，作業非常簡單。即使是女人纖細的手臂也能辦得到。要準備的就是拔釘子所使用的鐵桿、鎯頭、以及保護手的棉製手套。

但是，若是租屋就須得到房東的許可，有時在搬家時需要修復，事前必得先和房東商量。

①將鐵桿放入膠合板和周圍的板子之間，慢慢往側

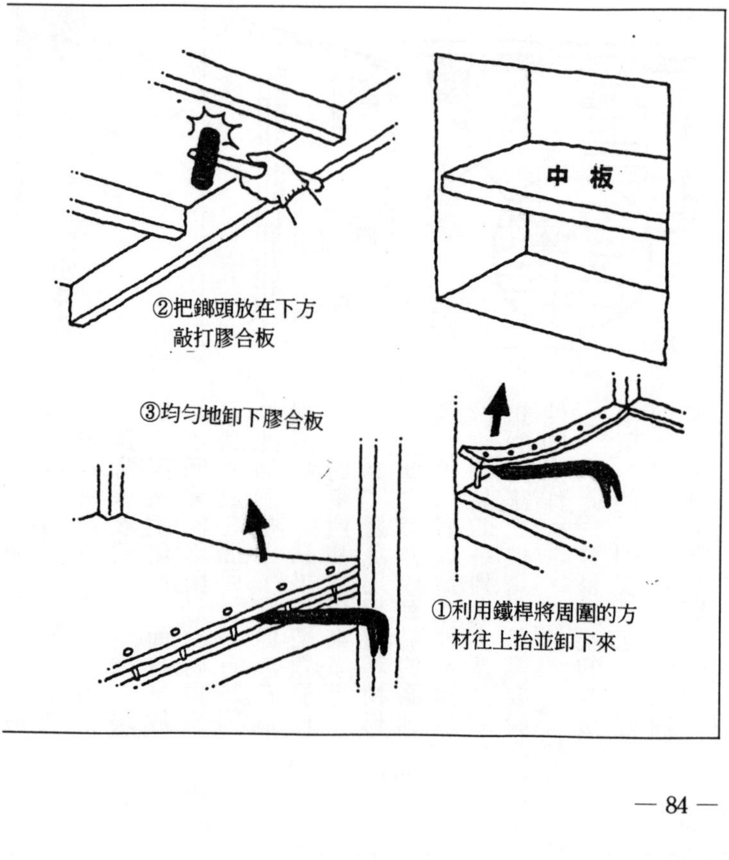
中 板
①利用鐵桿將周圍的方材往上抬並卸下來
②把鎯頭放在下方敲打膠合板
③均勻地卸下膠合板

面移動，抬起周圍的方材後卸下來。

②開始卸下膠合板。從中板下方用鎯頭敲打膠合板，使釘子浮上來。

③鐵桿放在膠合板下，均勻地移動鐵桿，卸下膠合板。但這時若是太用力往上抬，可能會弄破膠合板，所以必須要注意。

④將膠合板下的橫木，用鎯頭由下往上敲打分開。

⑤卸下前後的厚木板框，鐵桿的平面插入釘子的部分，用鎯頭敲打，當釘子頭突出時，用鐵桿的反側敲打。若板子是用接著劑固定的話，則將鐵桿插入板子與後面的木板之間，卸下板子。

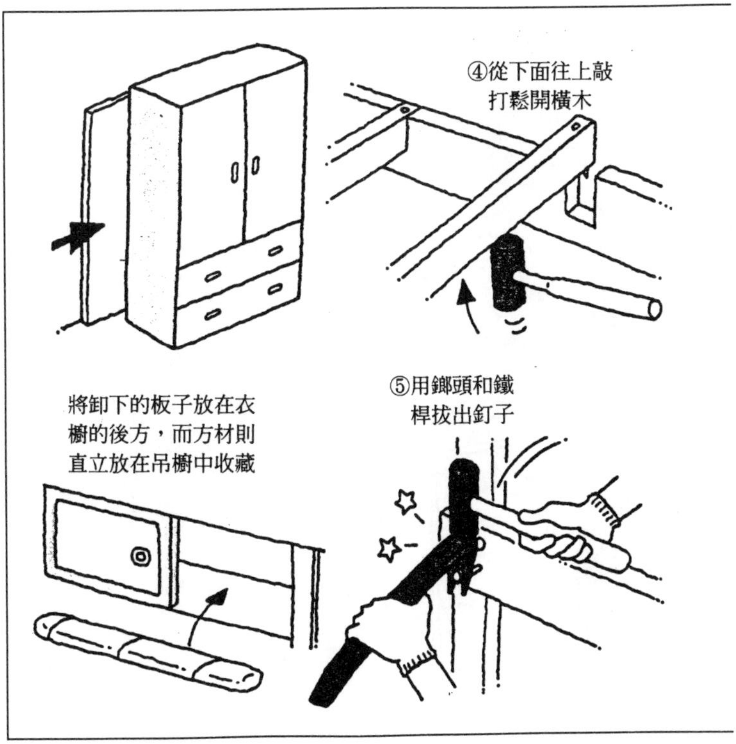
④從下面往上敲
打鬆開橫木
將卸下的板子放在衣
櫥的後方，而方材則
直立放在吊櫥中收藏
⑤用鎯頭和鐵
桿拔出釘子

82 在衣櫥中安置支撐桿（卸下中板的情形）⊕⊕$$$

長大衣或連身洋裝，數藏在卸下中板的壁櫥中，就能夠輕鬆地收藏了。利用支撐棒當成掛長衣服的衣櫥使用時，在長衣下方的空間可以使用市售的架子，或是帶有滑輪的箱子等。

不能忽視的是內部的空間，吊衣服的寬度只需要六十公分的空間，而內部還有多餘的空間。深度九十公分、寬一八〇公分的一個壁櫥，擁有三十公分的空間，這時，在前方六十公分的正中央使用支撐棒掛衣服，而內部的三十公分則可以放置三層櫃或架子，當作收藏換季衣物，或袋子的收藏場所。

60cm 的空間可以利用
30cm 的空間放置衣服，
30cm 的空間放置架子
＊換季後的衣
服和袋子可
以收藏其中

83 充分活用較高的收藏物（卸下中板的情形）㊉㊉$$$

「在壁櫥左右使用支撐棒掛較長的衣服」但是剩餘的空間則可利用較高的收藏物來收藏東西。

市售的收藏架包括帶有滑輪式的籃子或塑膠的手推車等，能裝可摺疊的服裝或毛巾等。

滑輪式籃子

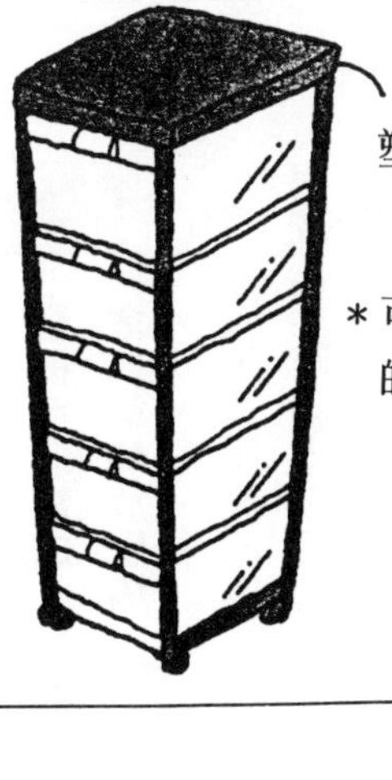
塑膠手推車
*可以收藏能摺疊的服裝和毛巾

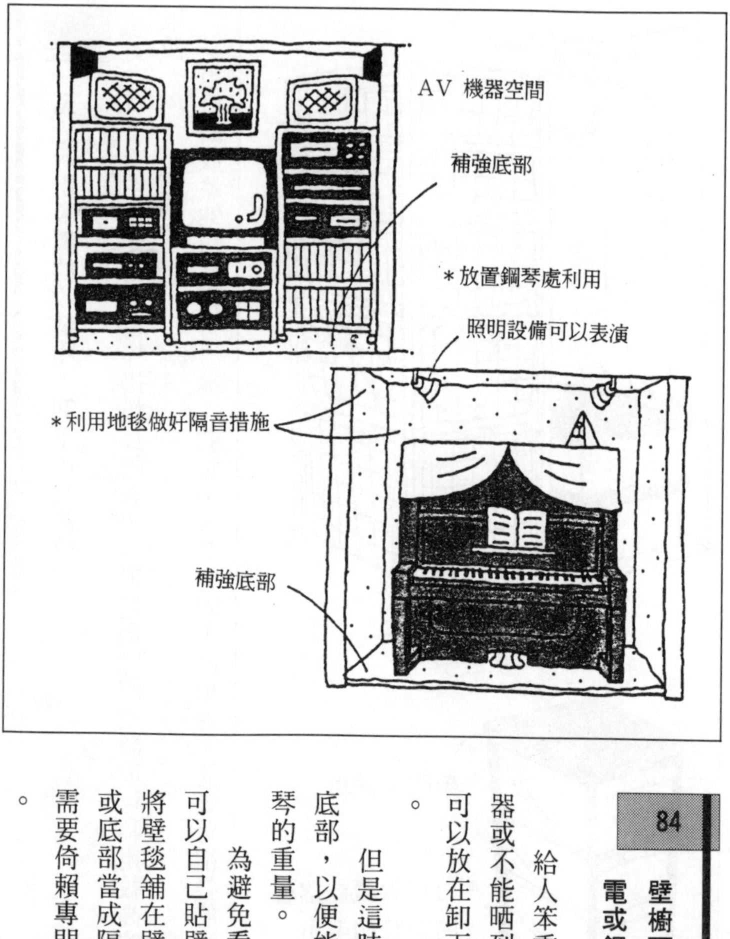
AV 機器空間
補強底部
＊放置鋼琴處利用
照明設備可以表演
＊利用地毯做好隔音措施
補強底部

84 壁櫥可以當成AV家電或鋼琴放置場 ⊕⊕⊕$$$

給人笨重印象的AV機器或不能晒到太陽的鋼琴，可以放在卸下中板的壁櫥中。

但是這時，務必要加強底部，以便能支撐機器或鋼琴的重量。

為避免看起來太難看，可以自己貼壁紙，有時也可將壁毯舖在壁櫥內部的牆壁或底部當成隔音設備，因此需要倚賴專門業者重新裝潢。

85 ⊕⊕⊕$$$

一半的壁櫥使用中板收藏棉被

「衣櫥可以當成收藏衣服的空間使用，也可以收藏棉被。」如果你希望這麼做的話，可以請求業者重新裝潢，一半用來收藏棉被，另外一半用來收藏較長的衣物。

利用中板將一半的壁櫥再隔成上下兩層，在壁櫥中央設置隔間壁，掛長衣服的壁櫥可以安裝長管掛衣服。

在掛衣服的部分不使用橫桿，使用直桿也可以，其他空間則可以收藏用品。

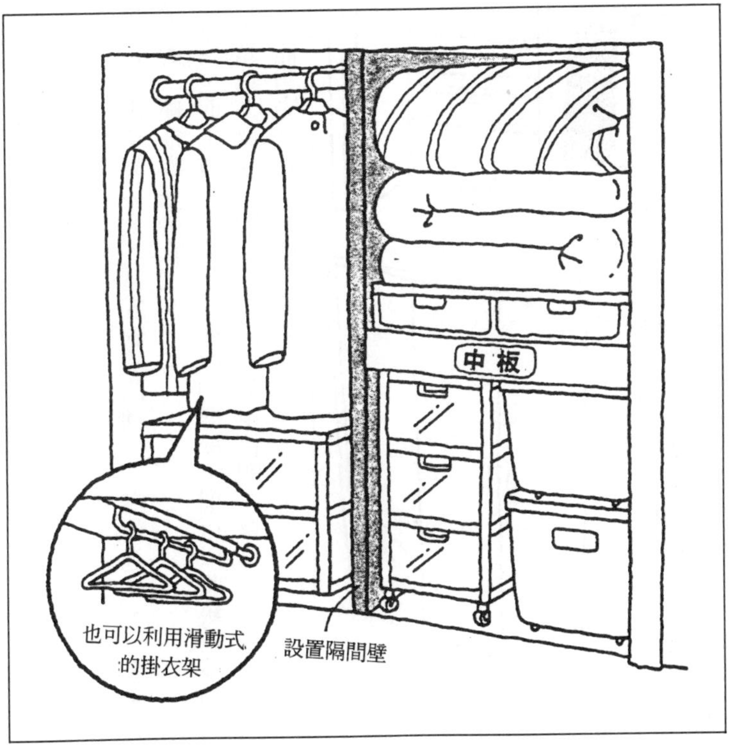

86 使用三條長桿配合長度收藏（衣櫥篇） ⊕⊕⊕$$$

這是將壁櫥從底部到天花板為止，重新做裝潢，當成衣櫥的例子。縱分為二，一邊使用上下二條橫桿，另一邊則使用上方的一條橫桿來掛衣物。

上下二條橫桿可收藏較短的衣物，而上方只安裝一條橫桿的壁櫥，則可以收藏較長的衣物。如果下方還有空間，則可以花點功夫做成小的架子。因為使用拉門，會無法完全看到內部的情形，因此若使用摺疊門，就能夠完全看清壁櫥的情形。

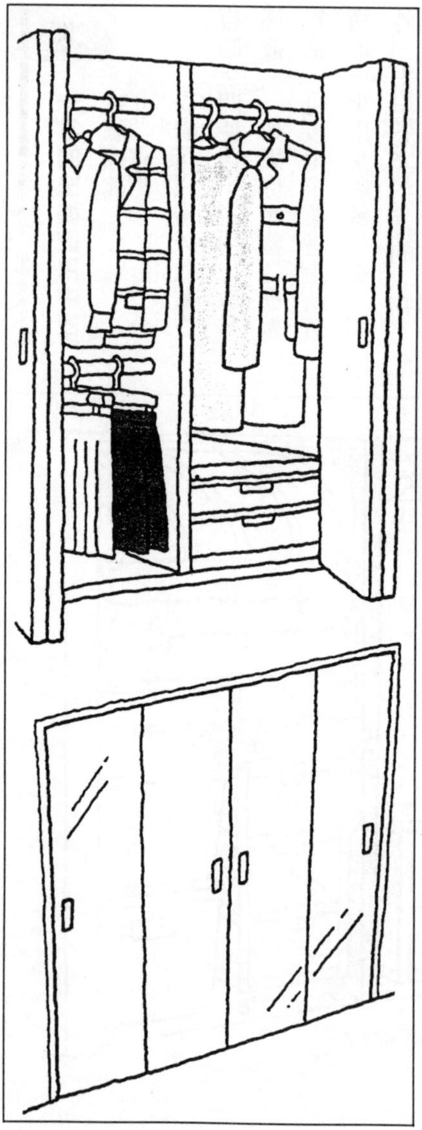

87　掛衣架加收藏盒（衣櫥篇）⊕⊕⊕$$$

這是將壁櫥重新裝潢為衣櫥的例子，中間設置隔板，並安裝抽屜形的收藏盒。

掛衣服後還留有空間，可以安裝收藏盒。

配合所掛衣物的長短，其餘空間可用來收藏更多的摺疊衣物，就不需要小的衣櫥了。

＊配合空間利用收藏盒

＊使房間的使用更寬廣

小孩房

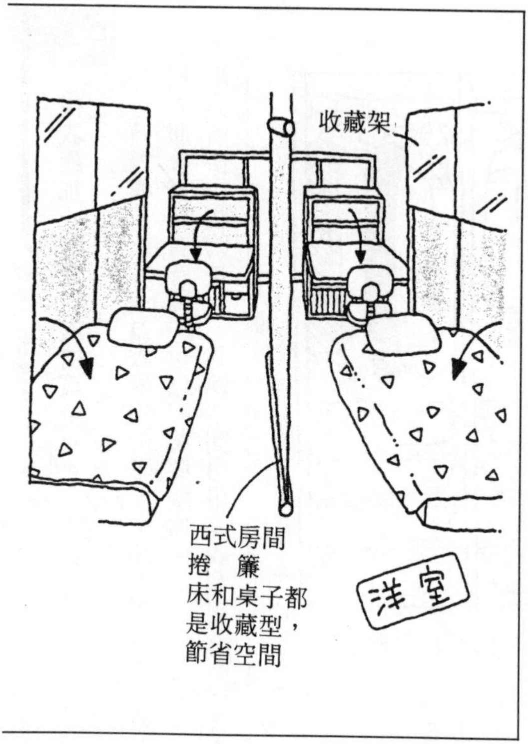

88

克服狹窄變得充實的小孩房（二人房篇）

⊕⊕⊕$$$

一個房間若是由兩個小孩共有時，若擺放二張桌子和床，房間會擠得滿滿的。無法給小孩足夠的空間……在此，介紹以下例子，供各位作參考。

①西式房間、重新裝潢型

使用想使用時就可以取出的收藏床，以及在其上方的收藏架，安裝在兩邊牆壁。桌子和中央的門採用向前倒下時，能變成桌子的省空間型，是徹底的收藏型房間。在房間的中央使用捲簾，創造個人房的感覺。

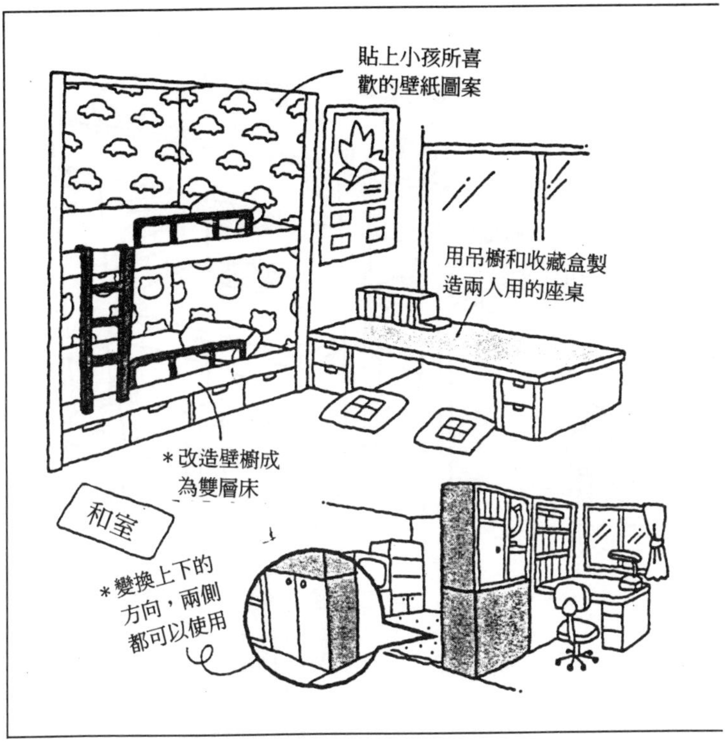
貼上小孩所喜
歡的壁紙圖案
用吊櫥和收藏盒製
造兩人用的座桌
＊改造壁櫥成
為雙層床
和室
＊變換上下的
方向，兩側
都可以使用

②和室、自己動手型

擅長作木土的爸爸，可以利用休假日改造壁櫥，做成雙層床。雖然花時間，但是具有極大的收藏力。在壁櫥內部的牆上，可以貼上孩子喜歡的壁紙圖案。再安裝堅固的圍欄和壁紙圖案。

書桌可以做成二人用的座桌型。準備好具有寬度和厚度的吊掛櫥，下方用二個收藏架支撐就可以了。

③將房間一分為二

在房間正中央放置收藏架當成隔間板，可將房間一分為二，收藏架為兩段式，可朝向不同的方向或兩邊均可使用。此方法在沒辦法得到小孩房時，也可利用在客廳，使客廳一分為二使用。

89

克服狹窄變得充實的小孩房(一人房篇)

⊕⊕⊕$$$

考慮到住宅情形，而無法得到大空間的小孩房，雖然寢具是以床為主流，但是若是在4疊半榻榻米大的空間中設置床，已經太擁擠了，可以考慮一些有效利用空間的方法。

①閣樓式床

將床的位置往上抬，下方可以製造空間，這也是一個好方法。市售的閣樓式床很省空間，下方可放置收藏架或桌子，有效利用空間。

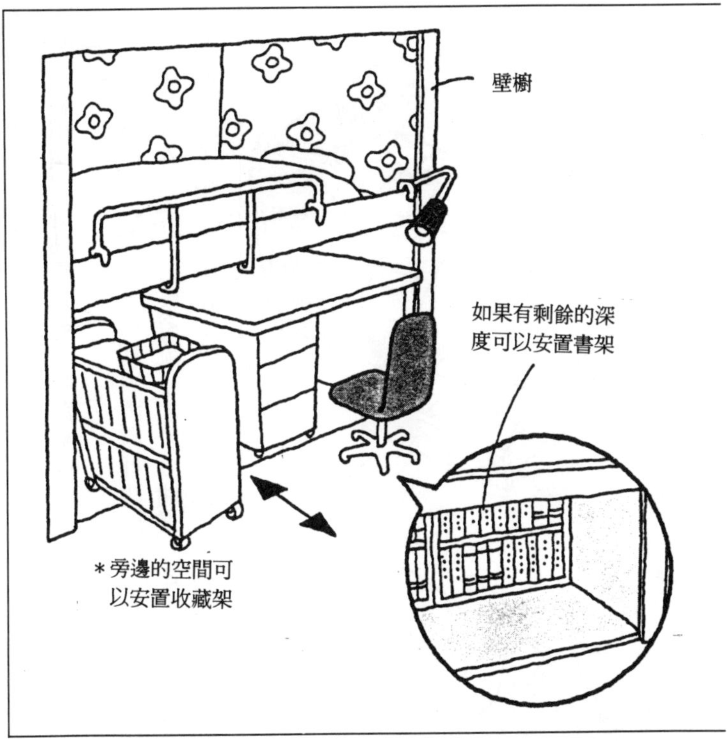
壁櫥
如果有剩餘的深度可以安置書架
＊旁邊的空間可以安置收藏架

此外，也有在床下安裝附帶滑輪的收藏箱型，可以放很多衣服，具有超群的收藏力。如果房間過於狹窄，其他的收藏家具類，要儘可能放在低矮處收藏。

②使用壁櫥的上段作成床

將壁櫥的中板上當成床的方法。可在內部塗上油漆，或貼上小孩喜歡的壁紙。

而在壁櫥下方，則配合空間，準備附帶滑輪的桌子，只有在做功課的時候才拉出來。如果具有深度，可以安置架子，收藏書籍等。

如果收藏好桌子以後，旁邊還有空間的話，可以利用收藏架等，有效利用少許空間。

90

利用床下的抽屜也可以收藏東西

⊕$$$

非常凌亂的小孩房，可利用附帶抽屜的床，也是十分方便。

由於人在睡覺的時候會流汗，所以抽屜內難免會有溼氣。因此抽屜內最好存放每天會更換的內衣、手帕等使用頻度較高的物品。

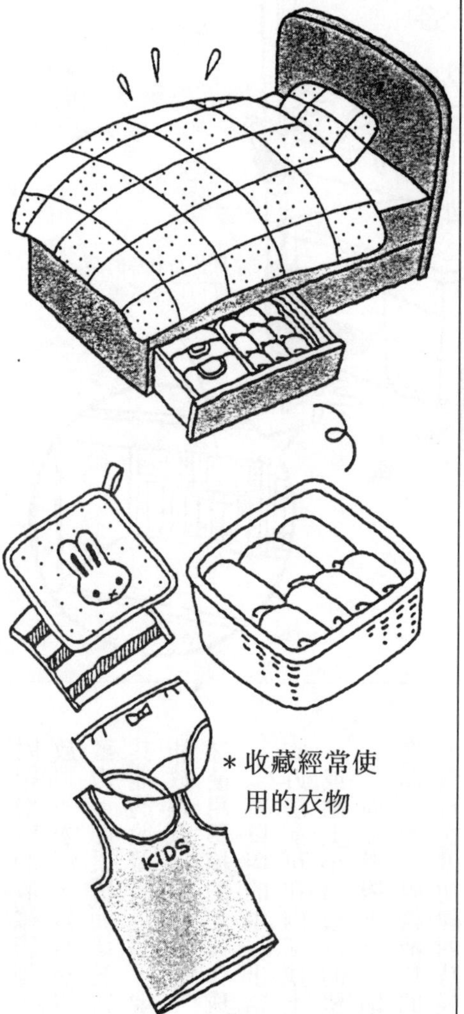

＊收藏經常使用的衣物

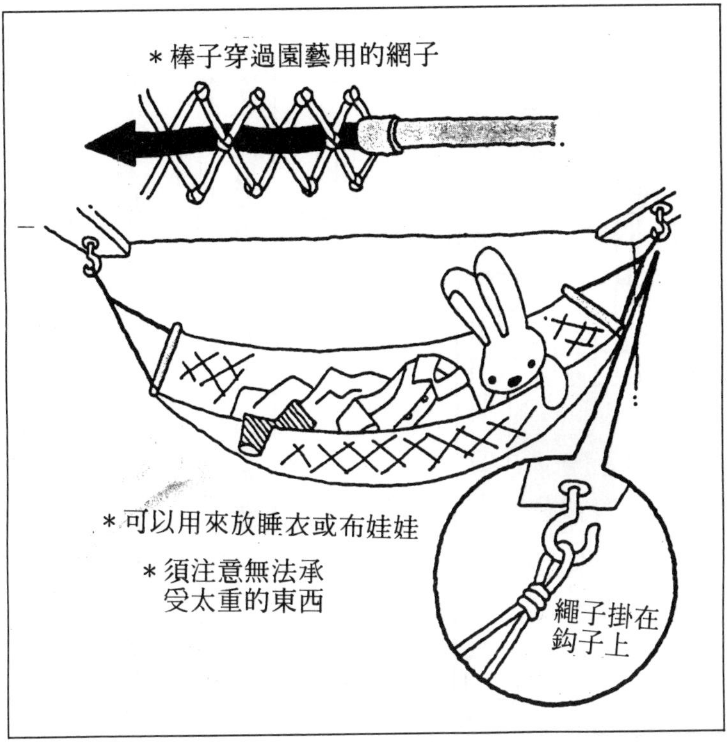
＊棒子穿過園藝用的網子
＊可以用來放睡衣或布娃娃
＊須注意無法承受太重的東西
繩子掛在鈎子上

91

用親手做的吊床收藏衣物或布娃娃

⊕⊕＄＄

利用ＤＩＹ中心販售的網子和棒子做成小吊床，也是十分方便。

首先，將棒子穿過網子，棒子的兩端帶有繩子，可以連接天花板，然後，將鈎子釘在天花板上，再把繩子掛在鈎子上。可以將它利用為晒乾衣物的擱置處所，也可以當作小孩房的布娃娃收藏或睡衣擱置所。但是由於它不能承受太重的東西，所以只能收藏前述用品。

92 小孩每天使用的東西要整個收藏 ⊕$$$

為使孩子養成早點出門，不會忘記應攜帶物品的良好習慣，可以將必備物品統一收集在一處。

冬天，可將圍巾、手套、毛絨帽等放在一個盒子裡收藏，或是利用壁櫥掛書包、帽子、大衣等，把每天出門必帶的東西都整齊地收藏在一起。

＊把每天出門須用的道具整個收藏在一起
＊冬天容易忘記的東西全部整理好放在一個盒子裡

收藏家具等

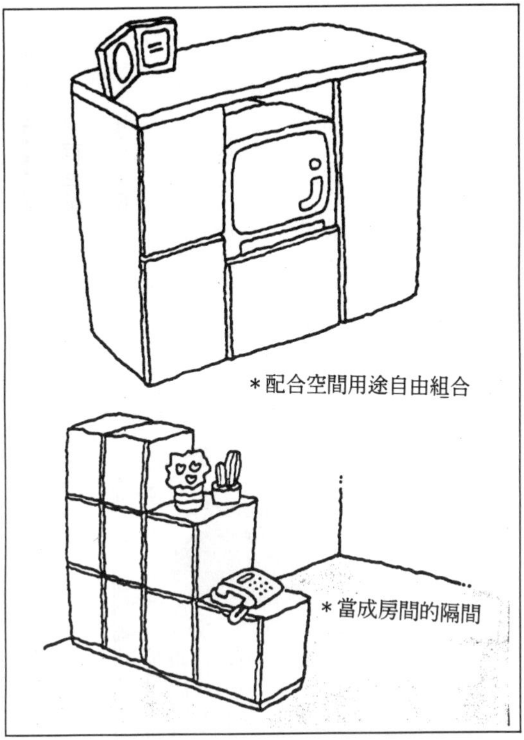

93 ⊕⊕$$$

可以自由組合的箱型家具

箱型家具可以縱橫自由連結成箱子和抽屜等，可以組合成自己喜歡的大小及形狀，十分方便。

由於它可以配合收藏空間自由搭配、組合，因此，要重新布置房間，或更換擺設時也可以利用。

呈階梯狀，放在房間的中央，可以當成隔間，同時，門的方向要交互排列，才能做到兩邊皆可利用。

此外，也可以當成音響架使用，用途相當廣泛。

94 依收藏量之不同結合組合家具 ⊕⊕⊕$$$

組合家具可以利用客廳、廚房、長房等任何房間組合利用。

此外，由於配有不同的零件，配合收藏量及生活型態做不同的組合，也可帶來樂趣。配合空間使用尺寸完全相同的大小做組合，就能完成有效的收藏。

此外，如果不夠用時，可以隨時買來增添，也是組合家具的優點。最初，只要購買需要的基本量即可，以後，隨著家庭成員的增添，再購買足夠的份量即可。

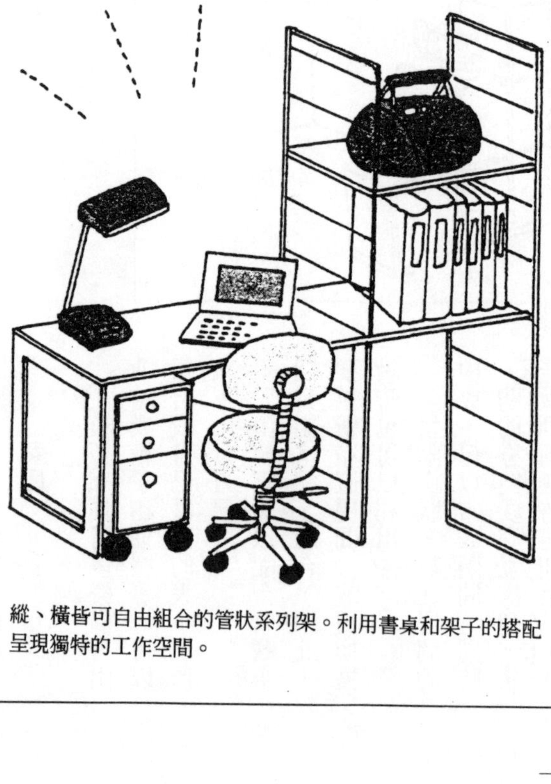

縱、橫皆可自由組合的管狀系列架。利用書桌和架子的搭配呈現獨特的工作空間。

這是組合式收藏家具，素材是原產於北歐的松木。衣架管及鐵絲籃等都可以拿來作組合。

這是側板、板架和木門抽屜的組合。為適合任何房間的簡單設計組合家具，顏色包括白色、黑色、原色等，尺寸及形狀也可以自由搭配。

＊各自獨立、能夠自由活動
也可以組合成長椅型

95 ⊕⊕⊕$$$

將收藏場所由上方移向下方令人注目的榻榻米下收藏

狹窄的客廳如果收藏具有高度的家具，就會產生壓迫感。近來備受各方注目的，就是榻榻米下的收藏。將收藏空間由上往下移動，可以使房間看起來更清爽。

例如ＬＤＫ，可以設置比地板高一段附有收藏櫃的榻榻米。有了這種榻榻米，就可以當作收藏櫃來使用，收藏量會比較多。

箱型榻榻米由於能夠獨立自由移動，所以較能夠應用在設計上。通常可全部安置在一個場所，或是排列成Ｌ型，當成長椅也很好用。

96 樓梯下方的空間成為獨特的收藏家具場所

⊕⊕$$$

樓梯下方的空間因為高度不同，所以很難收藏一般的家具。

在這種特殊場所，使用單獨性的家具，較能夠利用收藏的空間。可利用鐵絲籃或整理盒作自由的搭配、組合。但是，若利用鐵絲籃，必須考慮到外觀的問題，所以可以在上方罩一塊布，再擺設一些盆景裝飾，就能夠產生統一感，並且使外觀美麗。

＊鐵絲籃的外觀問題必須要考慮

97 使用磚塊和木板做成簡易架 ⊕⊕⊕$$$

二片木板可在購買時洽請商家代切割成自己所希望的大小。在木板上刷上自己所喜歡的油漆顏色或是貼布也可以。

若使用布的話，為避免鬆弛或拉扯，必須固定其後方，使用圖釘，或利用工具店販賣的夾子也可以。配合收藏物件的高度，各自堆放二～四塊磚塊，鋪上木板，然後再堆上磚塊，再鋪上木板就可以了。

磚塊角落部分非常脆弱，容易破裂，在處理時必須注意，在製作處理時，不要直放，橫放地疊在一起就可以了。

＊將 2～4 塊磚塊重疊起來

98 彩色箱利用籃子當作抽屜使用

⊕⊕⊕$$$

使用起來非常方便的彩色箱，可做成開放式及隱藏式分段使用，非常方便。

可配合不同的大小，找適合的籃子當成抽屜來使用。可以擺出來看的東西，不必利用籃子當抽屜，而亂七八糟的東西則可以放在籃子裡收藏。籃子若附帶把手，拉出時較方便，整體印象也截然不同。

＊分段使用可以達到簡便收藏的效果

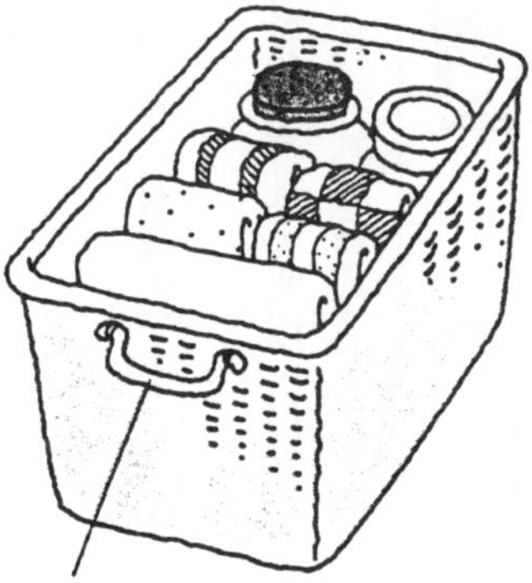

＊帶有把手較容易使用並
可產生截然不同的印象

99 不想讓人看見的架子可以利用捲簾收藏 ⊕⊕$$$

這是在「隱藏式收藏」中非常活躍的捲廉。不想讓人看見的架子或是不想讓人看見內容的架子，可在其前方安裝捲簾，達到完全收藏的目的。

如果在房間各處都放置彩色箱的話，看起來會非常凌亂，所以，最好是在一個壁面前集中放置。然後再從天花板垂掛一張捲簾收藏，就能夠達到隱藏式收藏的目的。

＊在房間各處散置的彩色
箱要集合在同一位置
捲簾
彩色箱

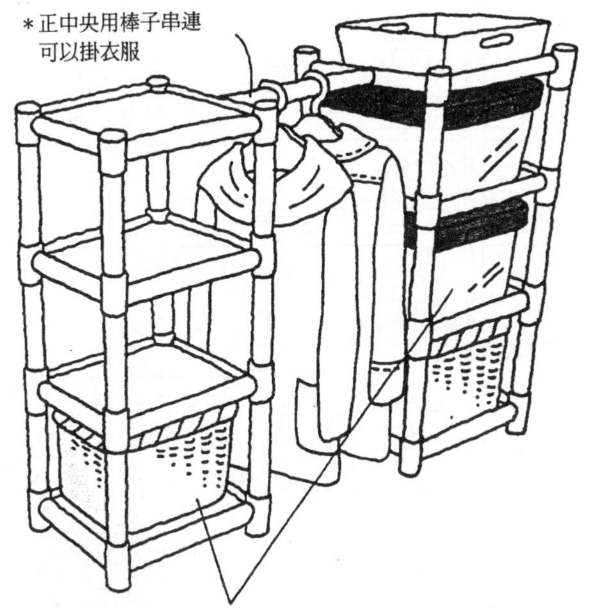
＊正中央用棒子串連
可以掛衣服
滑輪式的箱子或籃子搭配組合，可以收藏衣服或小物件

100

組合式開放架可展現自己的風格 ⊕⊕$$

在選擇家具時，重點就在於整個房間的印象調和。「但是，不知道什麼時候會搬家，所以不想買適合房間的家具。」如果有這種想法的人，我建議你採用組合架。

開放式的組合架，可以和滑輪箱或籃子組合，用以收藏衣服或小物件。

同樣的架子準備兩個，中央用棒子串連，可當成掛衣架來使用，更能達到有效的收藏。

＊使用木製或籐製的自然素材，展現自然風格

木製用開放架因材質的不同而有價差

101 木製開放架可收藏溫馨重要的東西 ⊕⊕$$$

與自然優雅的房間非常搭配的開放架，既然是開放式的收藏，自然要放一些比較美觀的東西，將具有明亮色彩的東西放在上面，色彩暗沈的放在下面，要考慮配置平衡的問題。

為配合溫馨的木製家具的印象，因此，也須注意收藏小物件的容器。此外，木製或籐籃等自然素材，較適合鄉村風格。

周圍放置的東西也是相同，必須放置籐籃或木製的椅子，襯托整個房間的氣氛。

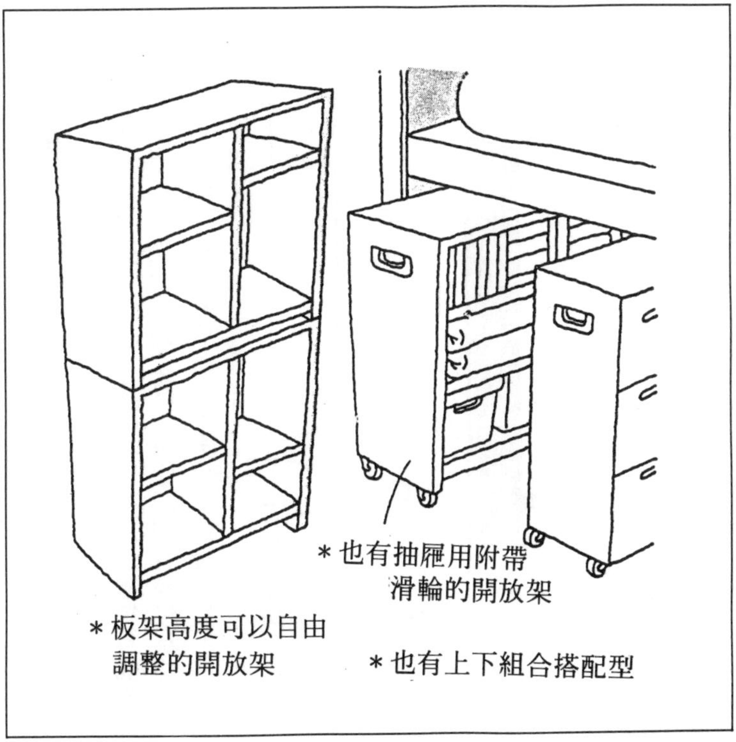
＊也有抽屜用附帶
滑輪的開放架
＊板架高度可以自由
調整的開放架
＊也有上下組合搭配型

102　⊕⊕$$$

配合收藏的物件調整板架

「不能放大東西，但是放小東西又會形成空間死角。」若是同樣的東西，可以收藏很多，但是若尺寸不同，要收藏就很困難了。

可以配合收藏的東西，略微調整板架的高度。這種開放架非常方便，如果改變收藏的東西時，也可以加以配合，改變板架的位置即可。不必「收藏適合架子的東西」，可以隨時添購，此外也有可重疊型。

甚至，也有附帶一個抽屜的滑輪型架子。

103

使狹長的空間死角展現不同的風情

⊕$$$

在房間的空間死角的細長空間中，可以安置細長的家具，你覺得如何呢？

但是，過於強調架高的家具，會使房間看來較為狹窄，因此不能夠使用高度剛剛好的家具。精品店裡的一些襯衫收藏盒，十分富有設計性，也可以用來妝點房間。

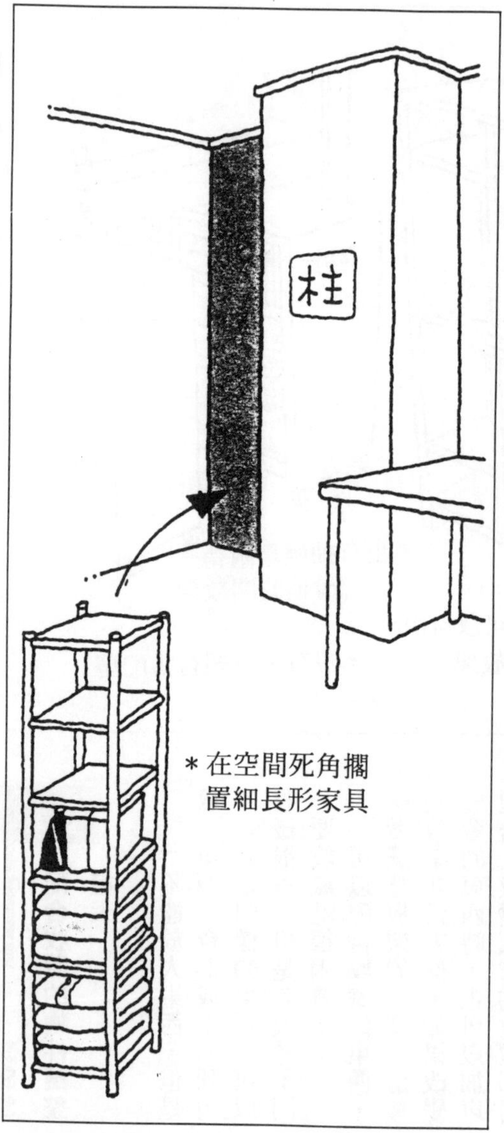

＊在空間死角擱置細長形家具

小物件類

104

走廊的牆壁或樓梯可以製作書架

⊕⊕⊕$$$

增加書本收藏量的一個方法，是利用走廊或樓梯的牆壁製造書架。由於壁面的面積較廣，因此可以放入很多書，此外，如果有二十五～三十公分的深度，便能收藏非常多的書。

書架的高度如果與自己的肩膀齊高，就不會產生壓迫感。而在製作高的架子時，考慮到地震因素，為免書本掉落，書架可略傾斜，或者安裝門也很好。重新裝潢時，可以和業者商量。

105

附帶收藏庫的長椅可以收藏書

⊕⊕$$$

「想在客廳裡放桌子，又想放書架，如果兩個都放的話，房間更為狹窄了……」這個煩惱可以利用將椅子下方當成收藏空間的長形木製椅來解決。桌子最好也選擇充滿溫情的木製桌子，利用這個收藏空間收藏書，就不需要書架了。

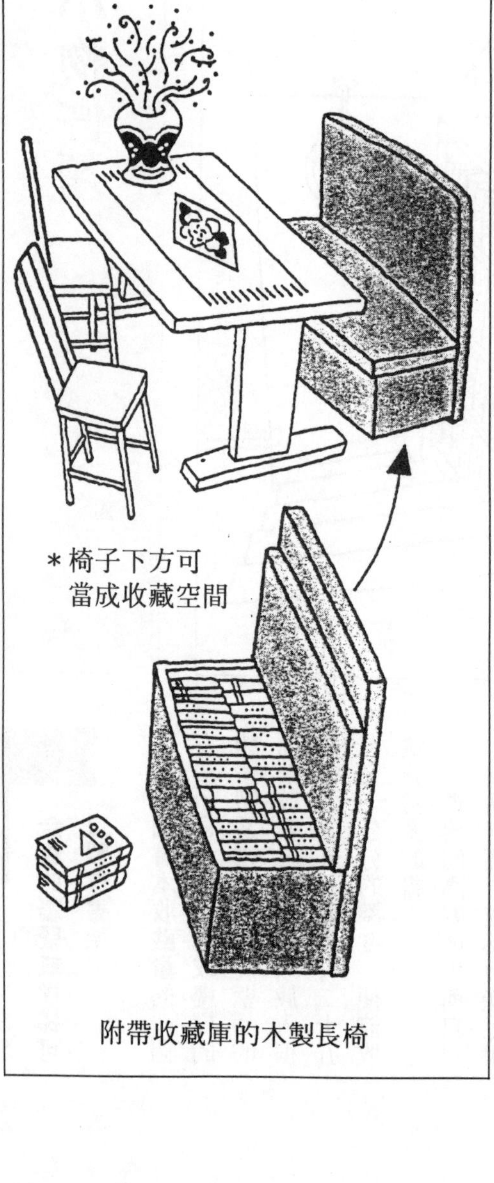

附帶收藏庫的木製長椅

106

書架前方的空間可利用凹字形的薄木板增加收藏量

⊕⊕$

深度較深的書架，如果排一列書，前方可能會出現空間死角。這時可利用木板做成凹字形的書架，便能夠提昇收藏力。凹字形的寬度以書架的二分之一～三分之一幅度寬較適合，只須稍移動書架，便能輕鬆取出後方的書了。

107 在書架中製作小架子安置小物件

⊕⊕$

在書架上放書之後，仍然會遺留下一些空間。這時，可利用錄音帶固定架作成架子，再將書放於其上。架上內的空間可以放一些小物件，就能夠減少空間死角。

此外，因為放置兩列高低不同的書，所以放在內側的書，書背標題要朝上，比較容易清楚。這時，若要找裡面的書，只要移動外側的書即可。

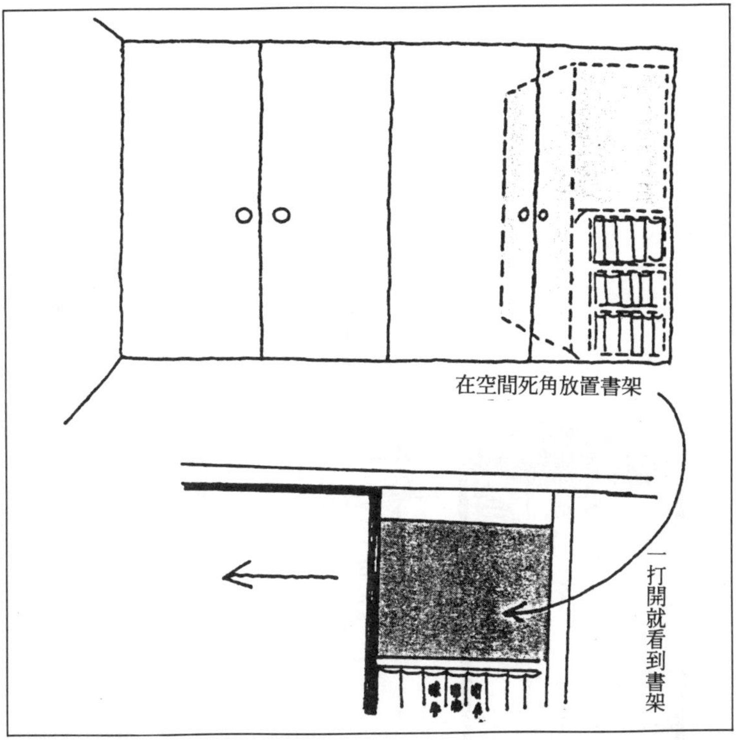

108

紙門背面的空間死角可以用來收藏書

⊕$$$

為各位介紹房間與房間之間拉門隔間時，利用其空間死角收藏書的方式。

沿著房間的牆壁排列家具時，若家具與拉門之間尚有少許空間的話，可以將書架直放。

書架的前面為正面朝向房間時，取出時只要拉開紙門即可看到書了。

也可以使用附帶滑輪的手推車，就可以輕鬆地將書拉出來，也可以從擱置書架的房間取出來。

109 收藏CD可以利用市售器具及抽屜 ⊕$$$

CD收藏盒的種類繁多，有的帶有輪子，有的是較高的收藏架……。這些都可善加利用，但是也有不利用這些專用品的方法。首先，可以空出一個抽屜來，就能夠收藏相當多的CD，而利用書架板可以隔開，整理起來也比較輕鬆。

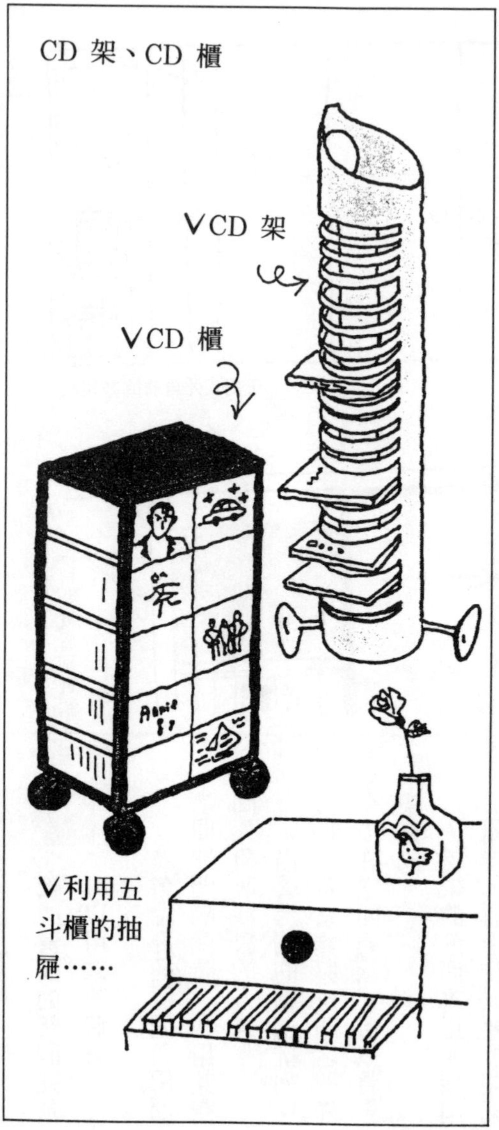

110

床下的空間也可以有效活用架子或竹板

⊕⊕$$

東西一旦放入床下，不但會堆積灰塵，而且不易取出。有幾個方法可以利用，一個是在床下的四個地方掛鐵鈎，掛置鐵絲籃，要使用時即可取出，非常方便，可用來放置抹布、毛巾等經常使用的東西。

此外，附有輪子的竹板也可以放在床下，將電毯或毛毯先用布包好再放入。當然，在使用時必須先晒乾。此外，每天取出的雜誌類或吸塵器也可以放置其中，使用起來非常方便。如果能舖上長形床罩，裡面的情形就不至於一覽無遺了。

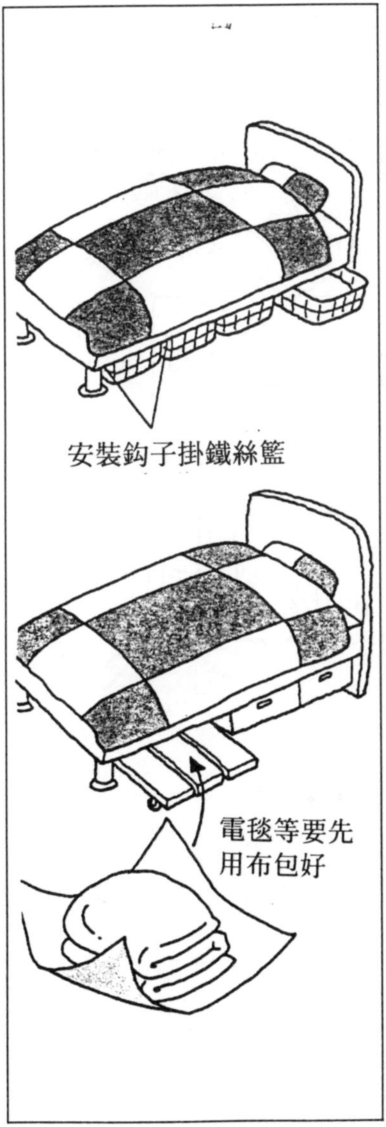

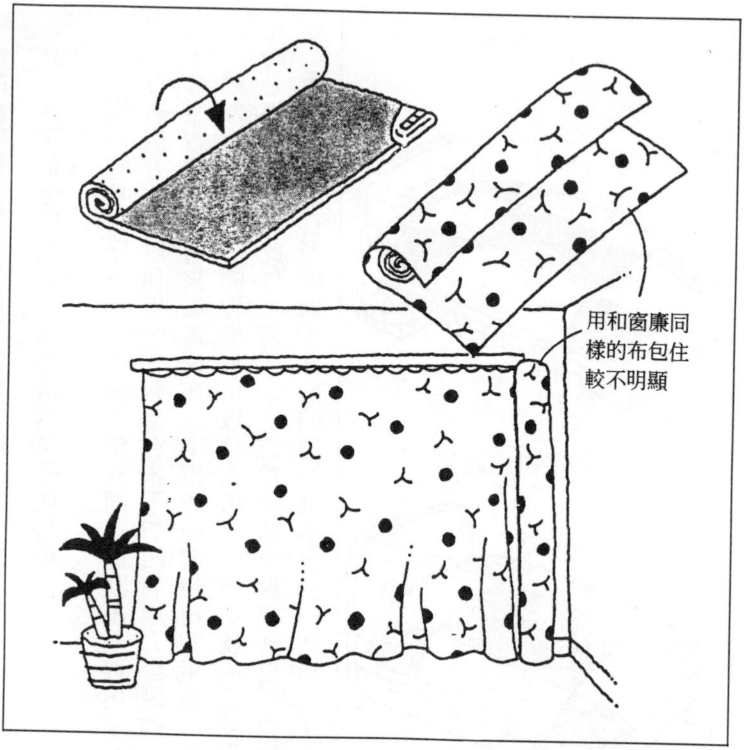

111 熱地毯可用窗簾布包住直放 ⊕⊕$$

冬天使用的熱地毯，在天氣較暖和之後，常因找不到收藏的場所而煩惱。

如果沒有收藏場所的話，可以捲起來直放。如果同時有幾張熱地毯，可以將比較小的放在大的裡面，捲起來收藏。

將捲成圓形的熱地毯，利用和現有窗簾同花色的窗簾布包起來，直放在窗簾邊較不明顯，但是最好還是避免放在起居室內。

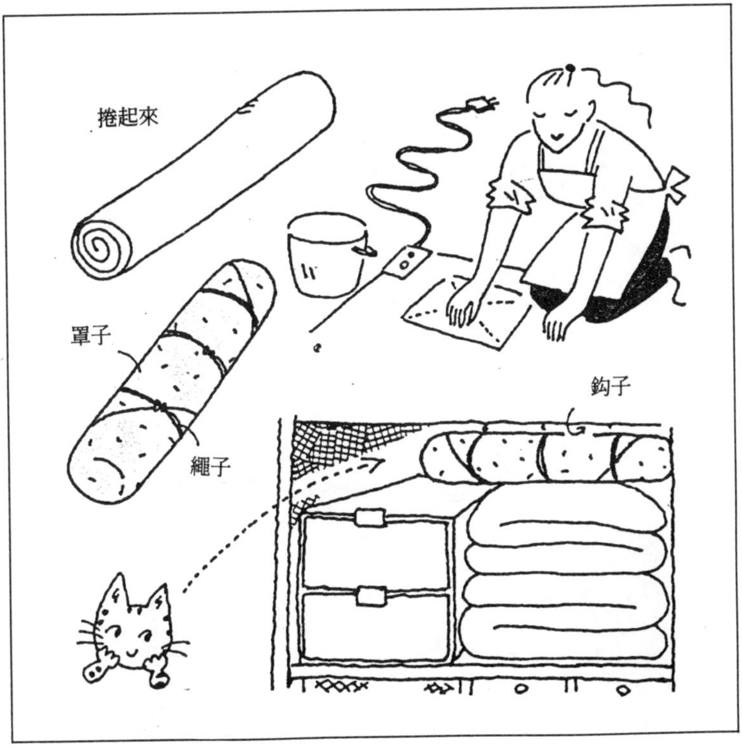

112

將地毯捲起掛在壁櫥深處

⊕⊕$$

電毯類可以經過處理再作收藏。由於要捲成圓形，這涉及到電毯內部的配線問題，必須詳細閱讀說明書後再作適當的收藏。

如果壁櫥上方有多餘空間的話，可以將電毯捲成圓形收藏在其中。

先用乾淨的罩子包住地毯，在收藏場所安裝三～四個掛鉤，將綁住地毯的繩子掛在鉤子上，將整張毯子掛起來，就不佔空間了。

113 做簡單的架子利用時髦的角架裝點整個房間 ⊕⊕$

「這裡放個架子較方便。」有這種想法的人，我建議您利用市售的角架，固定木板後，安裝在牆側就可以做成簡單的架子了。角架的設計各有不同，可以自行選擇合適的。

114 利用罐裝啤酒箱做成放雜誌的架子 ⊕⊕$

罐裝啤酒的防震波浪紙箱，厚而堅固，可以當成放雜誌類的架子使用。

將啤酒箱斜切，在表面糊上貼紙或布即可。利用其放雜誌或報紙，非常好用。

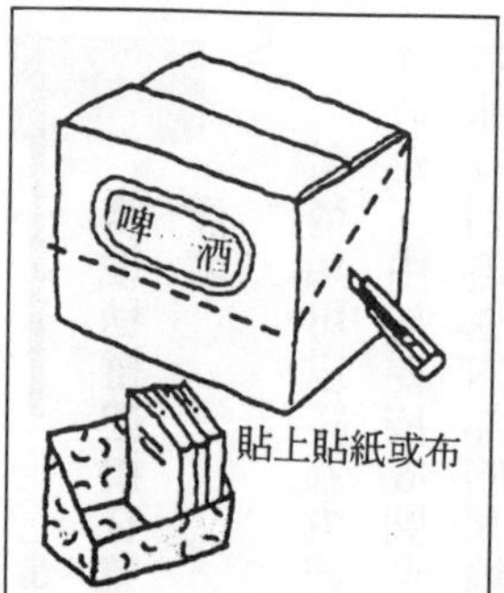

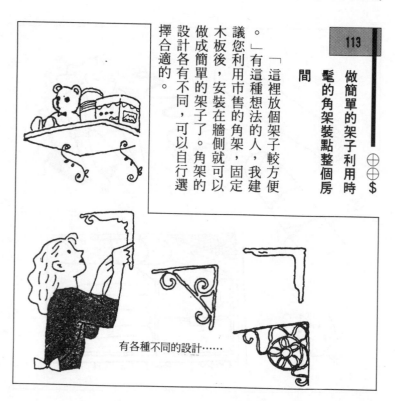

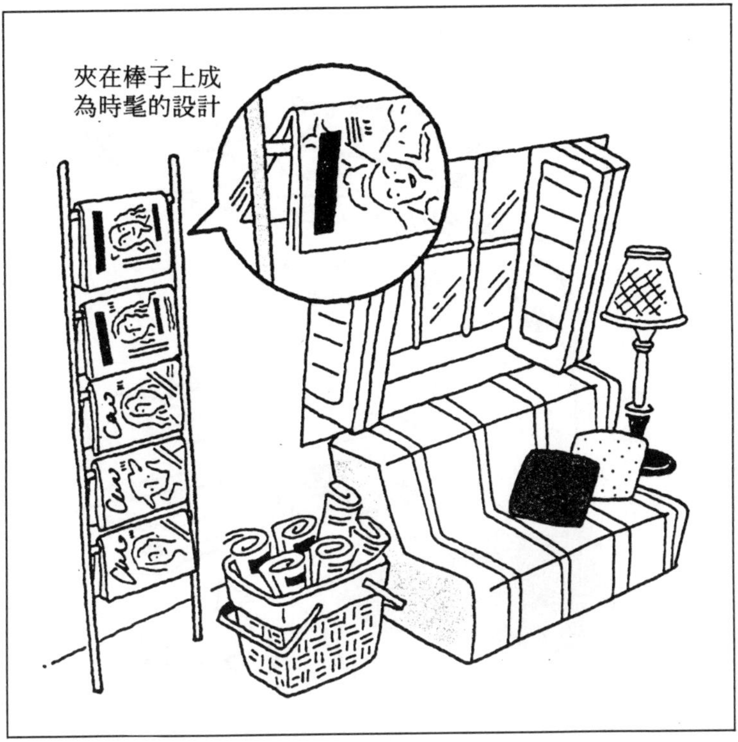

115

雜誌可以利用籃子或棒子創造時髦的收藏感

⊕$$

不斷增加的雜誌在看過以後，有一些會丟棄，但是有一些仍然會保存下來。

雜誌不一定要收藏在書箱或壁櫥內，捲起來放入籃子裡，或是梯子中央的棒子上，也能成為時髦的設計。

放在手邊，想看時隨時卻可以取閱，但是既然是時髦的設計，當然得在籃子和棒子上花點心思。

116 桌子下可用布做成放報紙和雜誌的架子 ⊕⊕$

餐廳的桌子下面，都會附帶放手提包的架子，在自宅的桌子下，若有這種設計的話，那麼，想看的報紙或雜誌放在那兒也非常方便。

你可以試著做做看，做法很簡單。在桌子兩端安裝棒狀的掛毛巾架，用布穿過後，再用大的安全別針固定即可。

布要使用較厚的毛巾或帆布，弄髒以後隨時可以取下來清洗。

117 遙控器類可放在籃子或箱子內整理

⊕$

電視、錄影機、冷氣機的遙控器，要使用時卻找不到的情形，你是否曾遇到過？

如果事先把它們整理、收集在籃子或箱子裡，就不會到處散置。如果放在藤籃中，更具有時髦感。此外，也可以利用中間有隔板，專門掛在電視機側面的專用收藏盒。

V可以放在藤籃中……

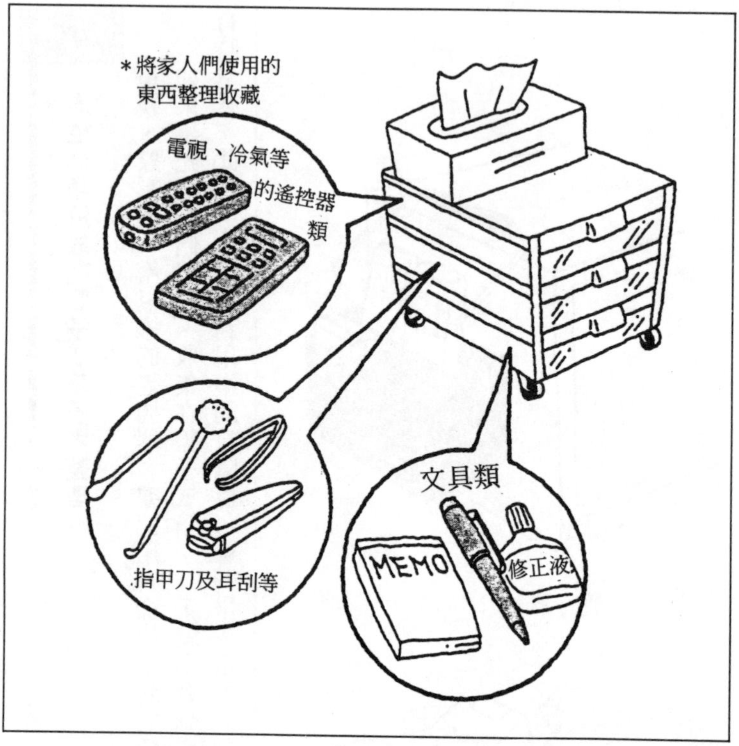

118 共有的小物件可以放在帶有輪子的箱子裡收藏

家人經常使用的小物件類，可以收藏在帶有輪子的箱子裡。

手推車如果有三～四段的抽屜十分方便。例如在箱子上放衛生紙盒，第一層放遙控器類，第二層放指甲刀或耳刮子等輕便精細的家庭雜物，而第三層放文具類，分門別類作收藏。收藏這些細小的東西時，如果在抽屜內放入分隔盒就更方便了。

「咦！箱子呢？」為了避免找不到箱子，平時就須決定好固定的放置位置。

119

不想讓人看見的東西可用布蓋住

⊕⊕$

亂七八糟來不及收拾的小孩玩具，若在突然有客人到訪時，可趕緊用布蓋住。此外，如果沒有可收藏的場所，而須擱置在醒目的地方時，可以用這張布掩蓋。

最好是在作窗簾時，能夠多買一些布，事先縫好，當成蓋布使用。利用和窗簾同樣的布做桌巾或座墊布，就能使整個住宅具有協調感。

例如，在窗簾旁放吸塵器，可利用同樣的布蓋住，就能使房間同化。即使不用與窗簾同樣的布，也要選擇適合房間映象的布。

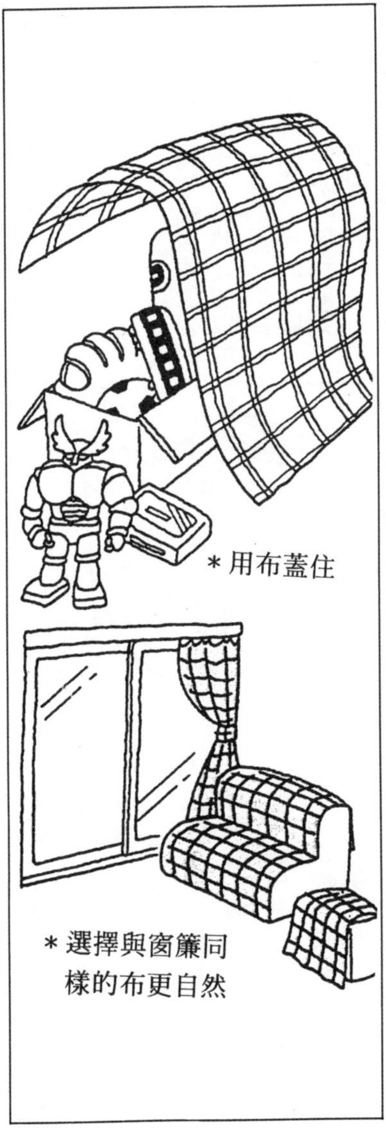

120 袋子或包裝紙要決定數量

百貨公司的紙袋或包裝紙會愈堆愈多。這時要加以處理，只留適當的量。例如較大、堅固的袋子可以當收藏用袋子，如果增加到更多時，就必須處理掉。

此外，全部塞在一起時，常常發生：「哎呀！想用這個袋子卻找不到，結果全部的袋子都翻出來了……」這種情形也經常出現。袋子可分類為手提袋、信封袋或時髦的袋子等，則在取出時就較為輕鬆了。將盒內的空間隔開，或將較薄的盒子相連，可用以收藏這些袋子，也可以利用文件夾來代替。

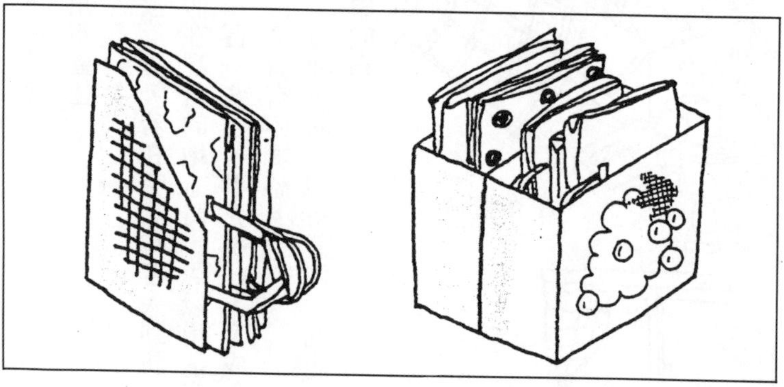

121 用鈎子吊掛延長線

將萬能插頭安插在架子後面，使用延長線時，在不用電時電線的確會成為大阻礙。如果整個扎成一束，使用時又費時間。這時可以將鈎子釘在架子側面或牆壁上，將捲成一束的電線掛在鈎子上。

122

利用大毛巾和洋衣架作成帆布架

⊕⊕$

用較大浴巾或運動毛巾的兩端掛在衣架上，用安全別針固定，可做成帆布架。但是，也不能放太重的東西，可放毛巾、手帕等較輕的東西。但是髒了以後要立刻更換，較為衛生。

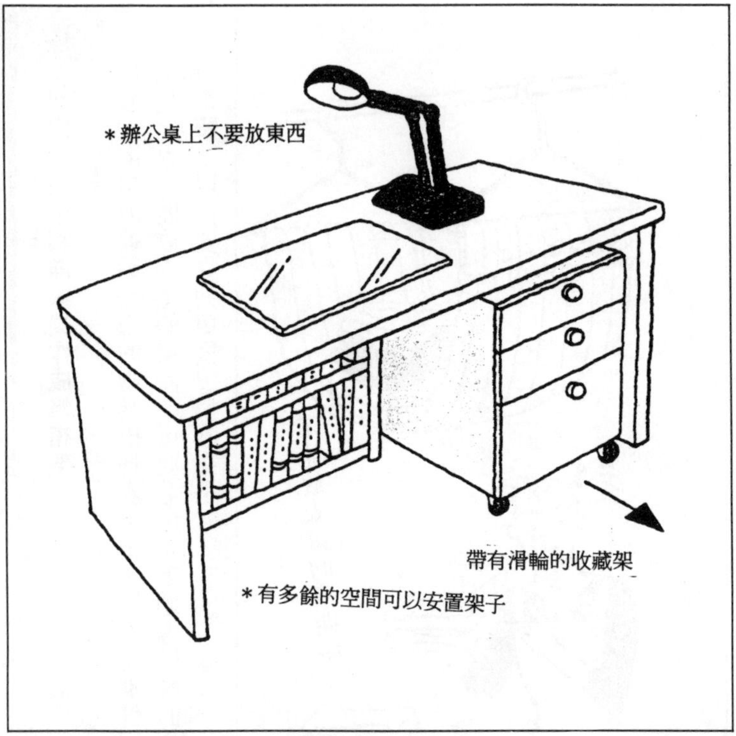
＊辦公桌上不要放東西
帶有滑輪的收藏架
＊有多餘的空間可以安置架子

123

書桌下的空間死角可當作收藏架使用

⊕⊕$$$

另一不能忽視的，是書桌下的空間。

辦公桌下，如果腳伸進去後還有多餘的空間，可以安置架子。

平常不使用的書籍、文件、相簿等，可以收藏在架子上。

另外，如果辦公桌下端有空間的話，可以利用帶有滑輪的收藏架，可以將現在放在桌子上的文件夾或文具類放在收藏架中，桌子上就會乾乾淨淨了。

124
文件夾配合TPO放置在適當的地方

使用文件夾建檔時，要依資料種類的不同，而採用不同的文件盒。

例如，音響類的說明書，可以放入文件夾中，放於音響旁邊，隨時能夠取閱。

醫師處方，服飾式樣、感興趣的東西，如果帶有彩色相片，可以放在附帶許多透明袋子的文件夾中收藏。

收據、學校通知及其他資料，則可放入附帶標題的文件盒中，直放於抽屜內收藏。

125 ⊕⊕$

利用資料簿管理明信片或名片

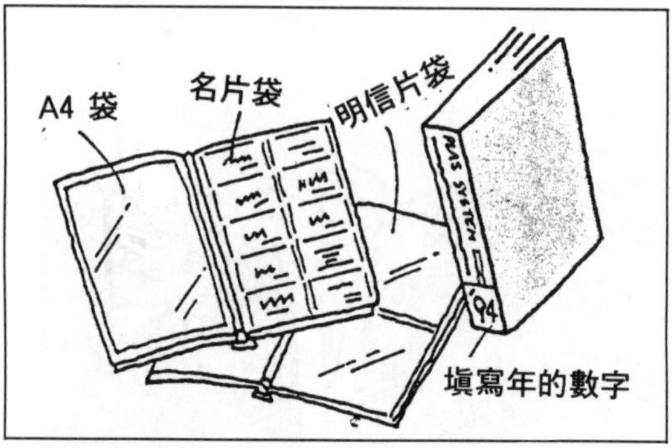

逐年增加的名片或明信片，可利用資料簿作整理。

市售的名片簿或資料簿花樣繁多，種類齊全。有的可以放名片，有的可放明信片，或相片等。

有的人長年不見，但每年都會寄賀年卡來。「那個人好像搬家了，去年的明信片上的地址不太一樣。」但是有時候又會找不到。

可以在賀年片的背面註上當年的數字，或是花點時間按照注音符號的順序排列明信片來保管，就可以當作次年的賀年卡表使用。

做出適合自己的系統，巧妙地建檔吧。

126 ⊕

利用錄音帶盒整理卡片最適合

從銀行的金融卡，到電話卡、醫院的掛號證等卡類的整理，令人十分困擾。

這些卡的整理，可利用去除蓋子的錄音帶盒分類以後，放在抽屜裡，就可一目瞭然了。

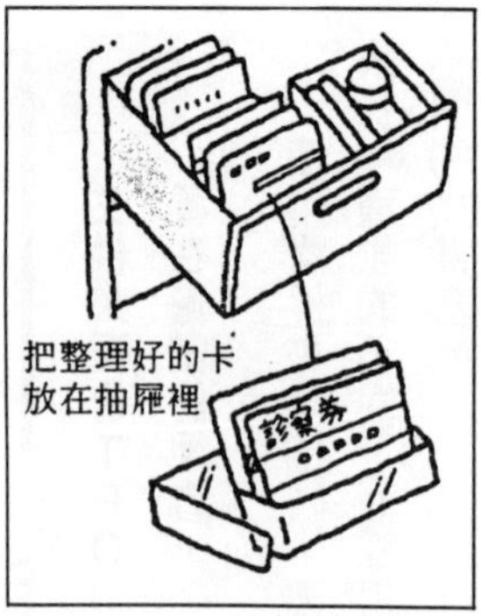

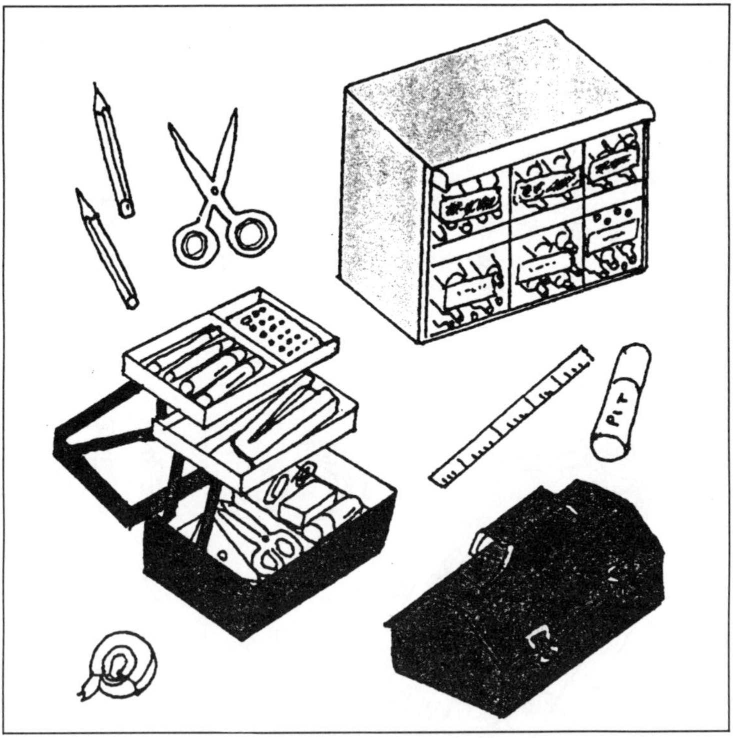

127

將文具放在有格子的箱子或工作箱中

⊕＄＄

文具要儘可能收藏在分格較小的箱子裡，像原子筆、鉛筆、膠帶……最好分類收藏。

格子較多的盒子，用來分類收藏較為方便，這時最好貼上標籤以便容易取出。

另外，塑膠製的工具盒的格子也很多，可用來收藏文具。

因為是二～三段式，因此文件全部可以看見，所以容易取出。

128 文具可以利用隔開的抽屜指定放的場所

⊕⊕$

文具的整理，若是使用抽屜，為避免裡面散亂，最好使用隔板隔開。

使用市售的架子，或是可以自由調整間隔的隔板都很好。

雖然利用隔板，但是全家人都使用時，會弄得亂七八糟……為避免這種情形，要下點工夫。將寫著「剪刀」、美工刀」「原子筆、奇異墨水筆」「鉛筆」等標示的紙張，貼在隔板的側面，或是在隔板內的紙上，用筆畫上與實物相同的畫，以便知道放回的場所。利用這種方法，連小孩也會收拾。

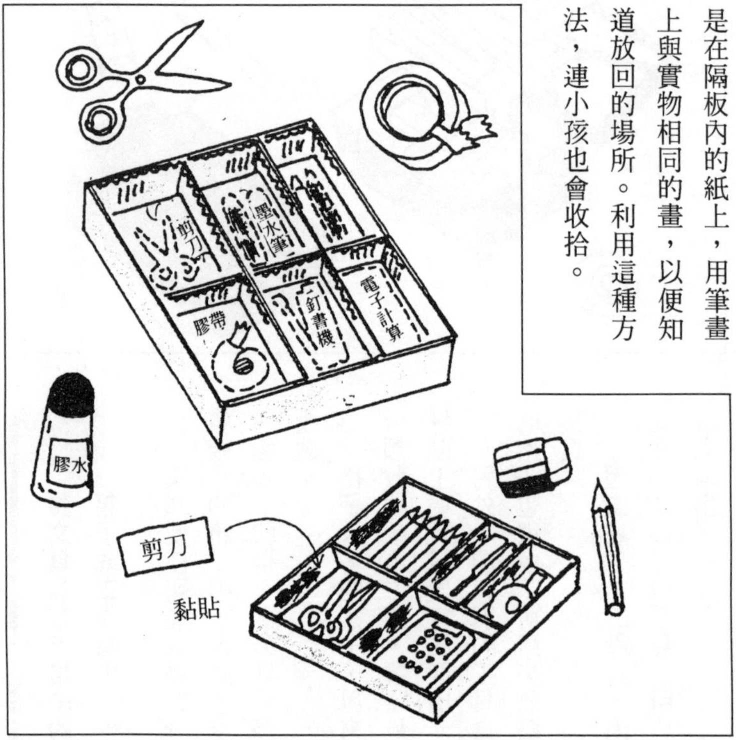

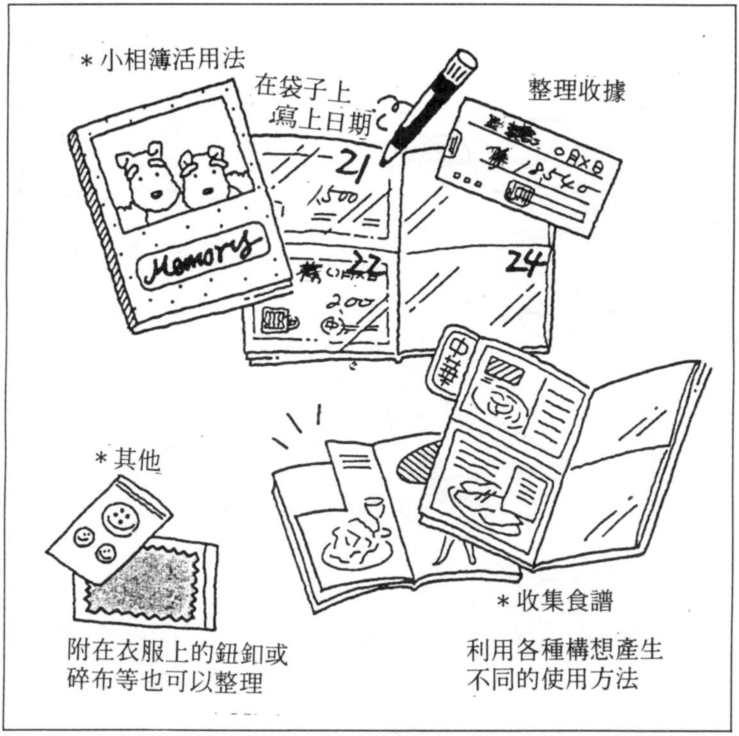
＊小相簿活用法
在袋子上
寫上日期
整理收據
Memory
＊其他
附在衣服上的鈕釦或
碎布等也可以整理
＊收集食譜
利用各種構想產生
不同的使用方法

129

利用小相本整理收據和食譜

在洗相片時拿到的小相本可用來整理收據或食譜。

收據的整理，可在袋子上用油性墨水筆寫上日期，收據放在寫著當天日期的袋子裡保管。三六張用的相片，可收藏一個月份的收據。

從報章雜誌上剪下的食譜，也可以準備幾本小相簿，依照「煮」「烤」等項目作分類整理。

此外，也可利用小相簿整理購買衣服時所附帶的小碎布或鈕釦類。

130 DM等紙類依用件別、人物別分類收藏於盒中

⊕⊕$

必要的文件、廣告單，或從雜誌上剪下來的紙類，可以放入紙製的文件盒中，排列於架子上。盒中可依保險或菜單等的分類編排，或是以丈夫用、妻子用、長男用、長女用等人物別的方式，來決定擱置場所。這樣就能立刻取出自己需要的文件，非常方便。

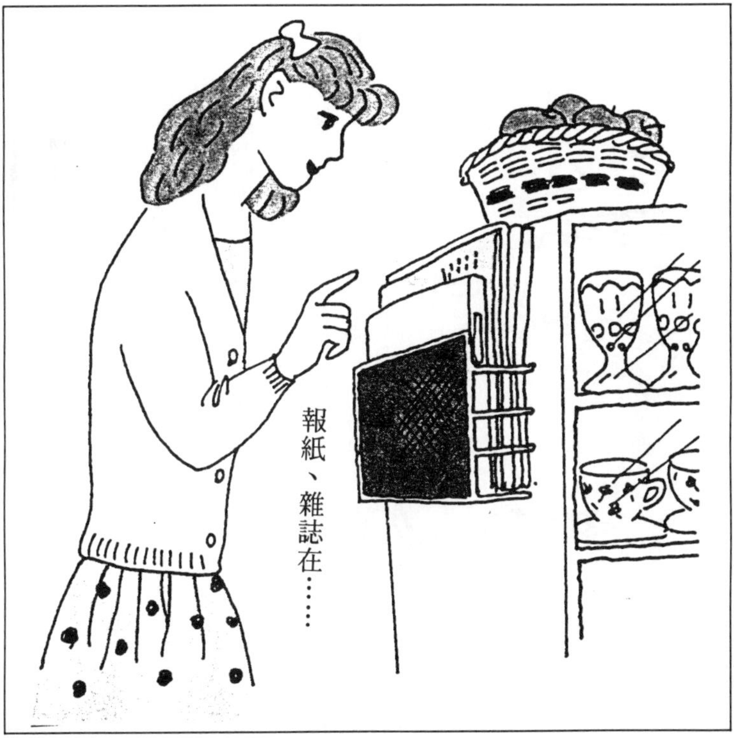

131 掛在架子上的架子可放報紙或食譜

「今天的報紙在哪裡？」如果事先決定好擱置的場所，就不必拼命地找全家人共有的報紙和雜誌等。

可以利用掛在架子上的小架子，掛在客廳的架子或桌子上，當成報章雜誌專用的擱置所。

此外，這個架子也可以放家計簿、收據、食譜、文件夾等，分類成「想立刻使用的東西」「能夠迅速取出的東西」等，非常方便。此外，放在小孩的書桌旁，隨時可以取用，也是一種好的構想。

132 藥物外用、內服分開收藏 ⊕$$

常備藥為使全家人都能容易使用，必須好好地收藏。

如果是塑膠製帶有把手的藥箱，攜帶很方便，如果是尺寸稍大型的，即使藥量增加時，也可以使用。

可以同時準備兩個，一個是收藏感冒藥、腸胃藥等內服藥，另一種則收藏消毒藥、絆創膏等外用藥。如此較容易找，同時也不易用錯。

為使大家都了解，最好在箱子上貼上標籤，而箱子內儘可能分隔成好幾個空間，容易取用。此外，每天使用的藥物，則分成一天份放入藥丸盒中，以免忘記服用。

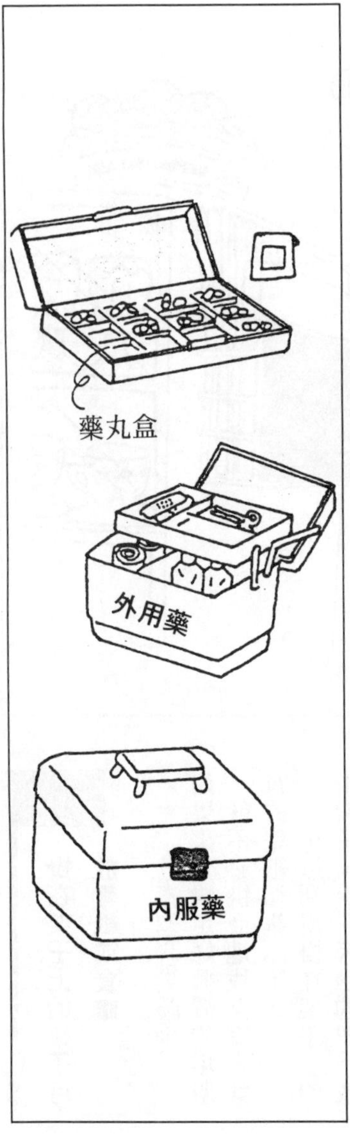

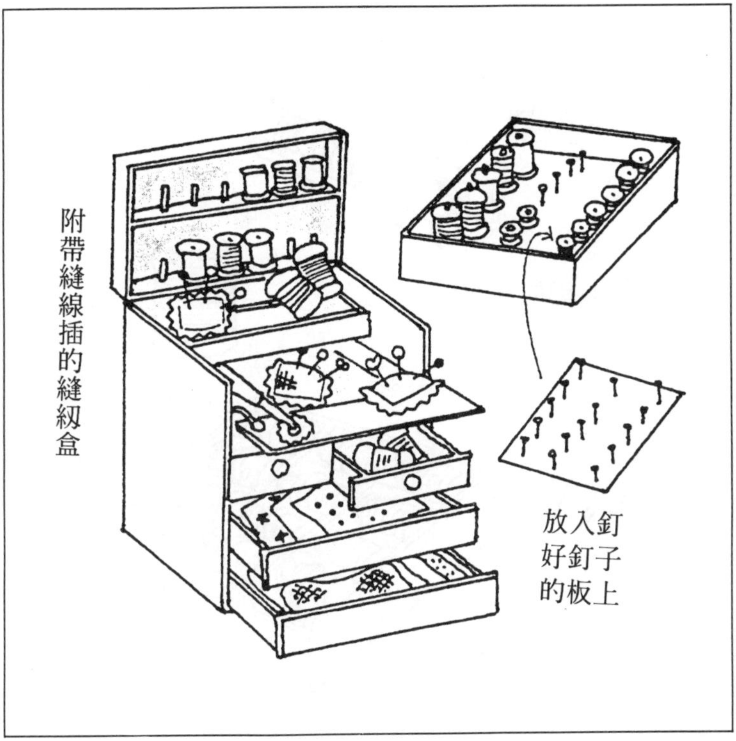

133

縫紉盒重視機能性

⊕⊕$$$

縫紉盒絕大多數是木製品，看起來非常可愛。因為裁縫工具大多是小物件，所以能夠好好地收藏。既重視機能性，同時也附帶如圖所示的縫線插。

如果縫線很多，也可以利用桌子的抽屜安置縫線插。配合抽屜的大小，在板子上釘上一列釘子，將線插在上面，不但井然有序，而且想使用的線也一目瞭然，較容易取出。

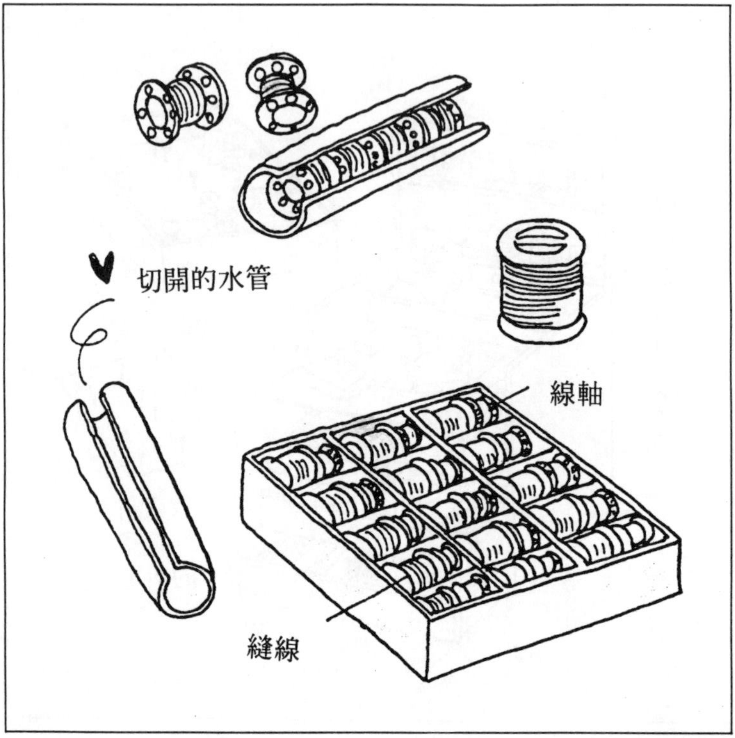

134 線軸或縫線可以利用剪下的管子或隔間較多的箱子放置

⊕⊕$

對裁縫感興趣的人，最感困擾的事情就是要收藏縫線和線軸。

這時可以將水管剪成適當的長度，縱剖開就能夠收藏線軸，利用橡皮水管的彈力，能夠完全收藏線軸，如果將同色系的放在一起，找起來就很方便了。

此外，同色的線和線軸合為一組，收藏起來就不易搞混。可利用分隔較細的箱子，一組一組的收藏。

記上日期，留在相簿中

135

值得紀念的東西可以拍照留念

一些別人送的禮品，雖然不使用，但是卻很難處置。像嬰兒服、玩具、小孩的作品等，都是值得紀念的東西。

但是，若是全部堆在那兒，會使家中更為擁擠。

這時，可將值得紀念的東西拍照、留念，然後將這些紀念品處理掉。在相本上可以寫著「爺爺送的小汽車」便能夠讓回憶留在心中。

雖然相簿會稍微增厚，但是最好還是在照片的旁邊貼上碎布，以便找尋。

136 房間的角落可以掛上簾子收藏東西 ⊕⊕⊕$$

「想把東西留在身邊」但是，卻發現雜誌和書一直增加，身邊放置了二～三天份的報紙等，事實上這些卻是使客廳看起來雜亂的原因。這時，可在角落設置一個細長的架子，將雜誌等收藏於其中。在角落使用支撐棒，掛上窗簾，就能夠達到完美的隱藏收藏。

窗簾的質料要選擇配合整個房間印象的質料，重點在於要和整個房間調和。

137 想要隱藏，可以利用簾子

⊕⊕$$

在和室衣櫥上放置塑膠製的整理箱或用開放架時，會破壞整個房間的美觀，這時可用與和室非常調和的簾子達到隱藏效果。為免能夠蓋住箱子的簾子脫線，可用瞬間接著劑固定，在天花板上安裝螺絲，再將簾子掛上即可。

這個應用倒也可以用在房間角落，不想被人看見的東西上，達到隱藏的效果。

例如，在角落擱吸塵器，上方垂掛簾子，簾子上可掛上扇子或貼相片，或掛上掛軸等，使整個氣氛完全不同。前方再擺上小茶几、木椅等，上面裝飾花，即可達到完美的設計。

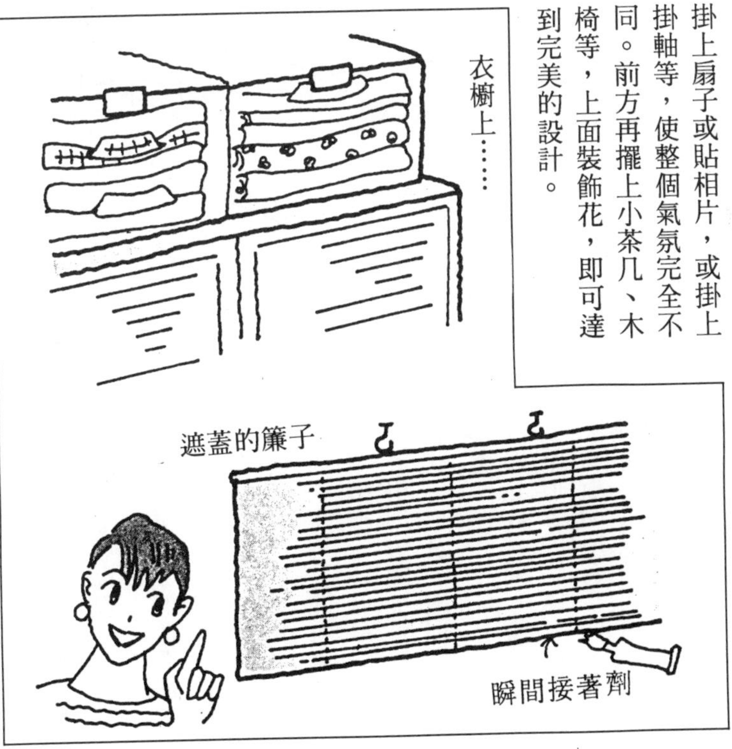

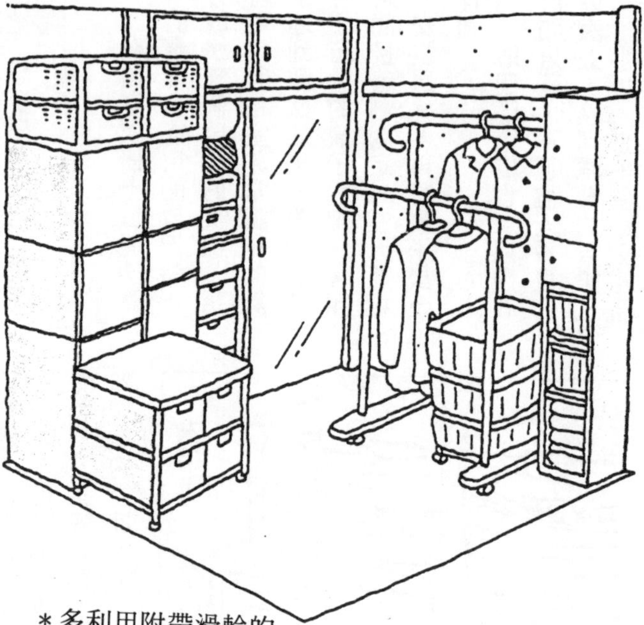

＊多利用附帶滑輪的手推車或收藏盒

138 下定決心將整個房間當成收藏間 ⊕⊕⊕$$$

「如果有大的收藏庫，該有多好。」雖然你會這麼想，但是因為都市的住宅情況，很難實現這個夢想。

如果每個房間看來都非常狹窄擁擠，這時最好犧牲不想使用的房間，整個當作收藏間，也是一種很好的收藏構想。

既是收藏間，就不必考慮到壓迫感的問題，從地板到天花板的所有空間，都能夠利用。可以多利用一些附帶滑輪的手推車或掛衣架，使物品較容易移動。

第三章

衣物、小物件、飾物篇

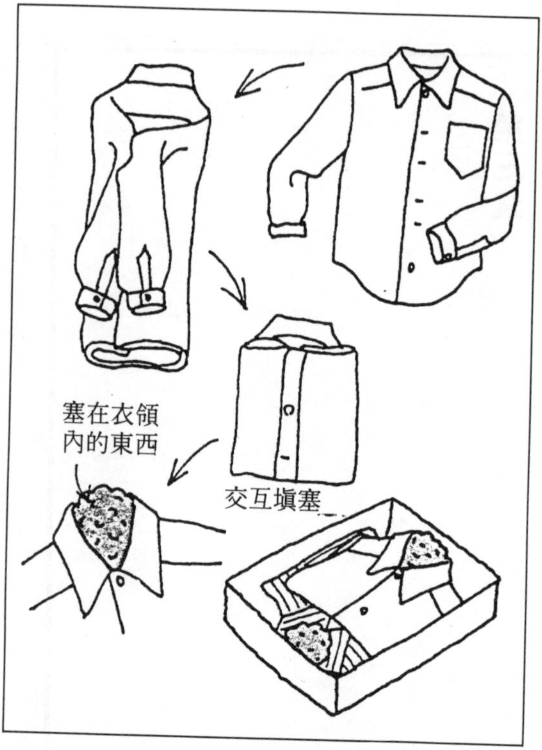

衣物

139 衣領較硬的襯衫要注意不可弄壞型且要交互疊放

襯衫的領子如果較硬，要重疊起來收藏。

為了摺疊，得先將上下的鈕釦扣二～三個，配合抽屜的空間，決定疊的寬度，然後對摺將袖子摺起，再把下擺疊到衣襟處，交互重疊二～三處。堆積件數大約是二～三件。

為了防止變形，可以在衣領處填塞一些東西，可以將舊絲襪剪成適當的長度，或是將破布等塞在衣領的空間。

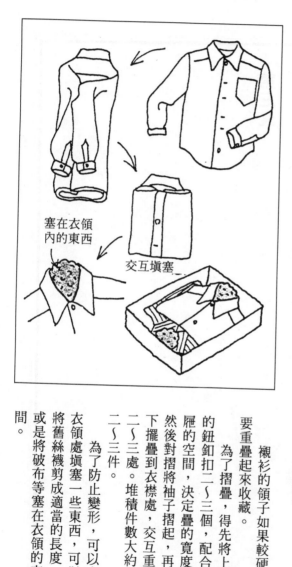

140

防止衣領變形的收藏架

⊕$$

市售的收藏架可以防止襯衫的衣領變形。

①水平凸線盒　拉開抽屜，襯衫一目瞭然，可以迅速取出。

②吊掛盒　利用尼龍黏帶吊掛在桿子上的盒子。不需用時可以摺疊起來。

③貼壁型　在衣櫥牆壁或門扉內側選擇場所收藏。

④文件盒　在有一格一格抽屜的文件盒內收藏襯衫。

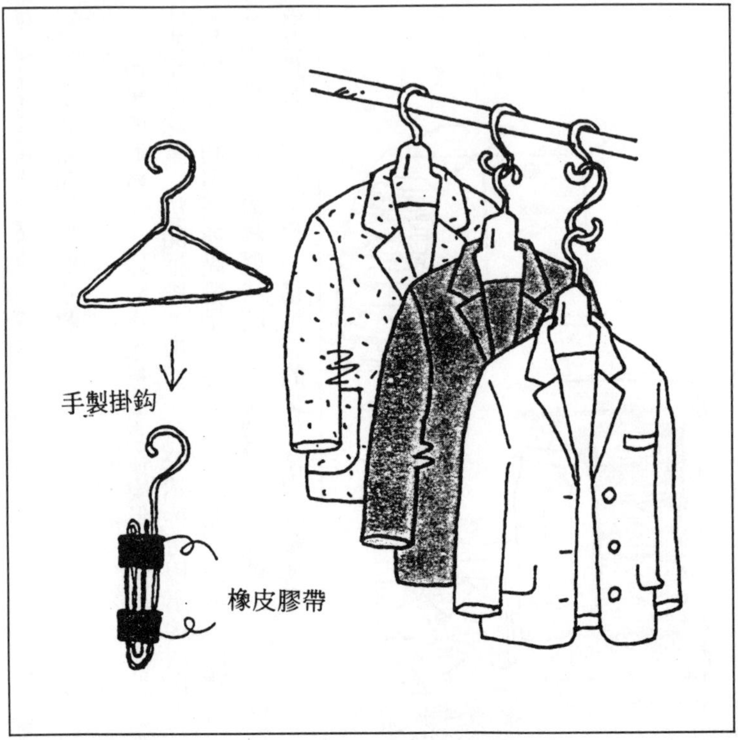

141 只要改變肩部的位置就能防止變形並提升收藏力 ⊕⊕$

「衣櫥塞得滿滿的，洋裝都被壓縐變形了。墊肩那麽厚，衣櫥掛不了幾件衣服。」這個煩惱可以藉著改變掛衣服的高度而消除。

只要移動肩高的位置，同時就可以消除這個煩惱，同時提升收藏力。可以利用市售的S形鉤子。如果你認為「既然是在衣櫥裡，也不用擔心被別人看到。」建議你製作簡單的手製鉤，便能夠使掛衣服的位置高度產生差距。可將鐵製衣架的上下折彎，用橡皮膠帶固定即可。

142 衣物直放容易取出且能提升收藏力 ㊉㊉

T恤、罩衫等即使摺疊也不用擔心的素材，可以按照抽屜的高度摺疊直放，較易提昇收藏力。而且，與疊起來收藏的情形相比，較容易取出。

有釦子的衣服，為了容易摺疊，可將上下以及正中央的釦子扣好之後再摺疊，把袖子在後面反摺，配合抽屜的高度摺疊，然後將衣領朝下，直放在抽屜內。但是衣物若擠得太多，會不好拿，所以要留一些空間。

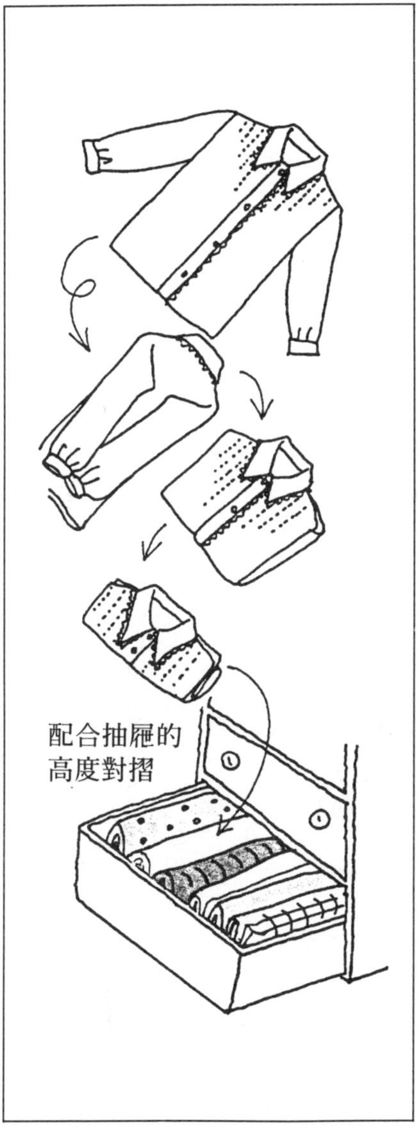

143 體積不大的衣物可以捲起收放在文件用的抽屜中

⊕⊕$$

罩衫、內褲等體積不大的衣物，在整理時可以利用事務用品或文件用的抽屜，可發揮意想不到的效果。配合抽屜的寬度，將衣物捲起、放入，因為抽屜本身很淺，因此又能放置一段衣物。但是，若是抽屜的數目很多，就不用擔心收藏力的問題了。

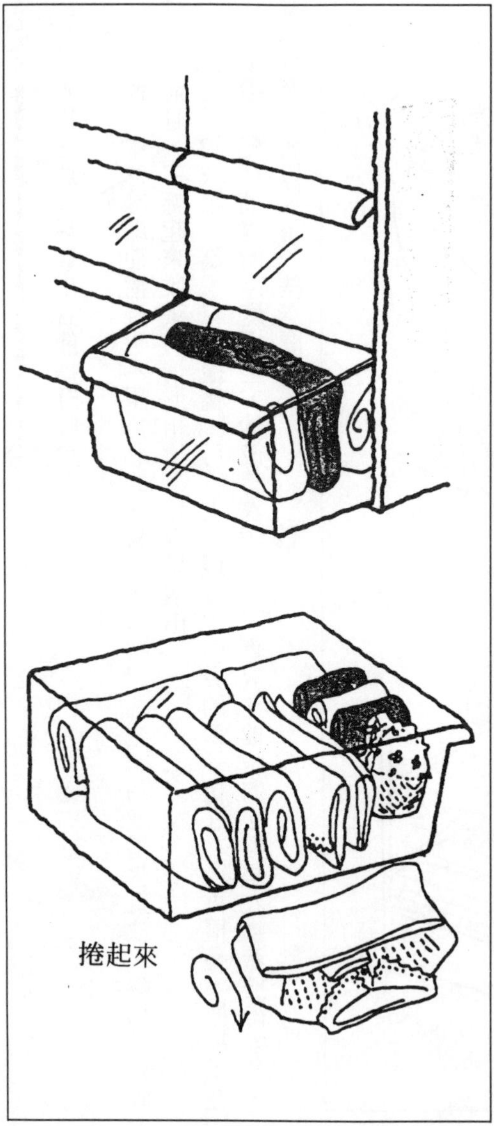

144

擔心有縐摺的襯衫要減少摺疊的部分

「疊好，直放在抽屜中」是容易收藏及取出襯衫類的方法。

但是，若是擔心會有摺痕，可以掛起來，或利用抽屜底部的寬度，儘量減少摺疊部分而疊放，或是在摺疊的部分塞放毛巾再摺疊即可。此外，如果剛燙過的衣服，若立刻摺疊起來，會使摺痕更為明顯，最好先掛在衣架上，等到蒸氣散了之後再收藏起來。

145 將裙子等堆積起來捲成圓形，不易形成摺痕 ⊕⊕

在收藏衣服時，將裙子或寬鬆的長褲摺疊收藏，等到下次要穿時，會出現明顯的摺痕。有一個不易縐的方法，就是將五～六件裙子或寬大的長褲疊在一起，由腰部開始捲起來收藏。最好的秘訣是將不容易縐的素材放在中央。

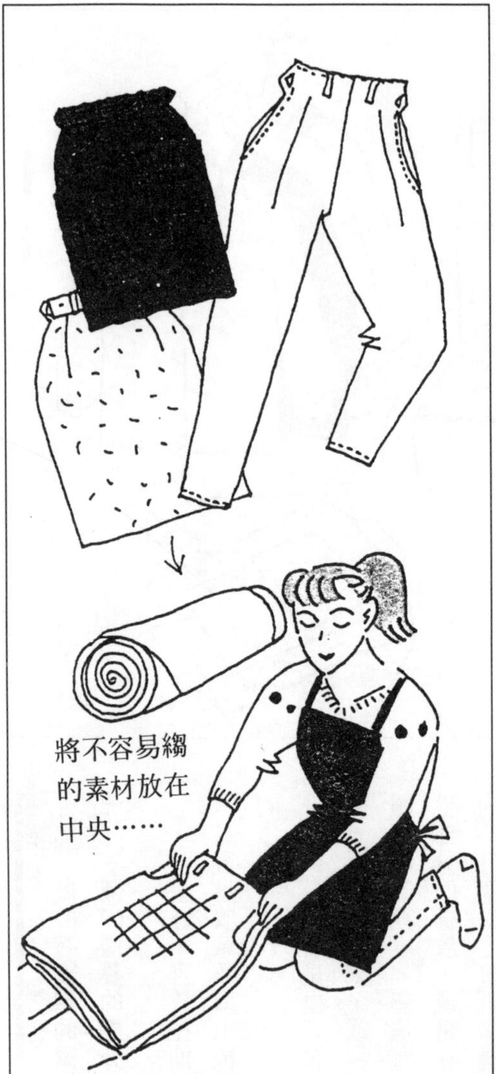

146 將帶有鈕子的羊毛衫疊放收藏

帶有鈕子的羊毛衫，可以把鈕子全部扣起來，直放在抽屜裡。但是若無法扣鈕子，直放可能會變形，所以要疊起來放。

首先，將帶有鈕子的部分朝上，摺起袖子（如果要朝後對摺的話，不扣鈕子很難疊起來。如果要朝前對摺，不扣鈕子也可以）。其次，配合收藏的寬度，將兩側摺入，摺成二～三摺。有墊肩的毛衣或羊毛衫，可將墊肩的位置交互重疊，就不會產生厚度和偏差。此外，毛海或羊毛若堆放太多，會通風不良，必須注意。

如果能夠把鈕子全部扣起來時，就扣起來直放收藏

無法扣鈕子時則將墊肩的位置挪移交互重疊堆放

147

將冬天常穿的厚毛衣捲起來直放

換季時疊放起來的厚毛衣類，在常穿的冬季，可以捲起來直放在衣箱內收藏。

首先，將兩隻袖子在前方交疊，下襬摺上來但不要與袖子重疊，摺到袖子的下方即可，然後由一端開始捲起，直放在衣箱內。

如此一來，如果疊放時放在下方不易取出的毛衣，在直放時打開箱子便一目瞭然了，且能順利取出。

148

將羊毛衣配合空間捲起來收藏 ⊕⊕

將羊毛衣配合收藏空間捲起來收藏，在穿以前用蒸氣熨斗燙一下，即可恢復原狀。

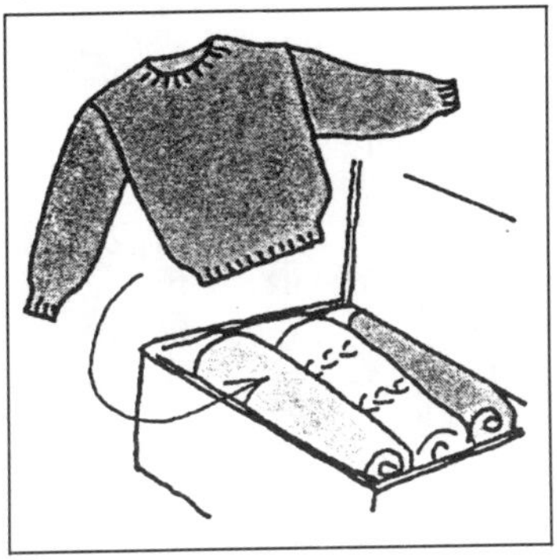

149

吊袋架可用來收藏毛衣 ⊕⊕$$

用來收藏袋子的吊袋架可以放入毛衣或圍巾。毛衣可以捲起來放入袋子內，而圍巾或較薄的衣物則可放入二～三件。

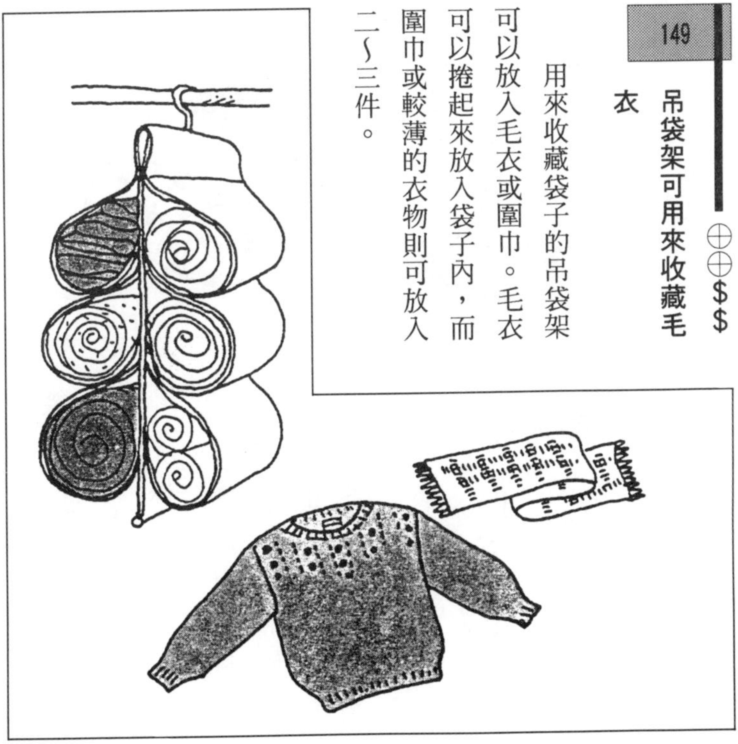

150 羽毛夾克捲起來擠出空氣用布包住 ⊕⊕

羽毛夾克很容易產生濕氣，所以要充分陰乾，一面去除空氣，一面捲成圓形，一面用布包住，才不會佔空間。在穿之前先掛在衣架上，就能夠還原。

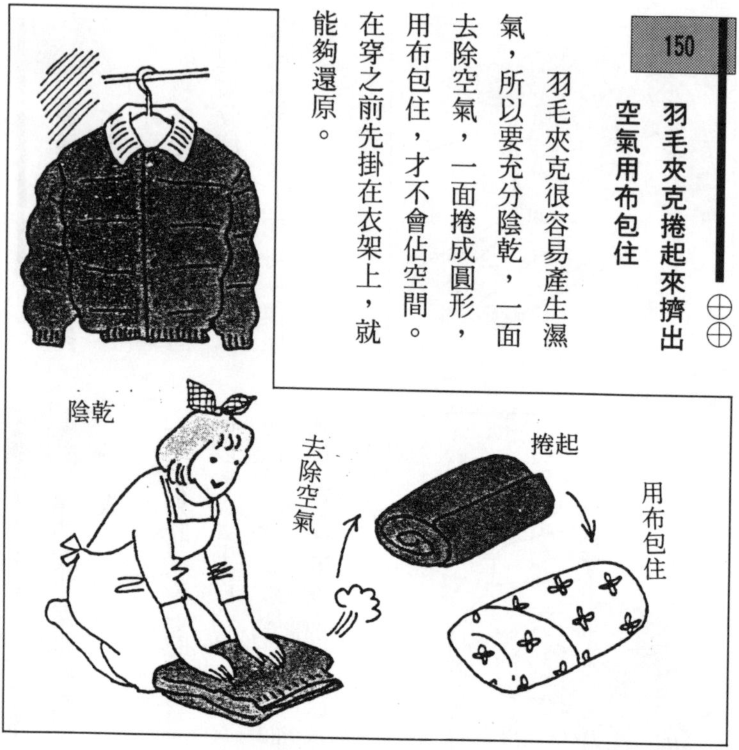

151 床下的衣物要利用密閉盒及防靜電噴霧劑保護 ⊕$$

沒有收藏場所，必須放在床下的衣物，在收藏時一定要使用密閉盒，同時，盒的周圍要噴洒防靜電噴霧劑，以免附著多餘的灰塵。

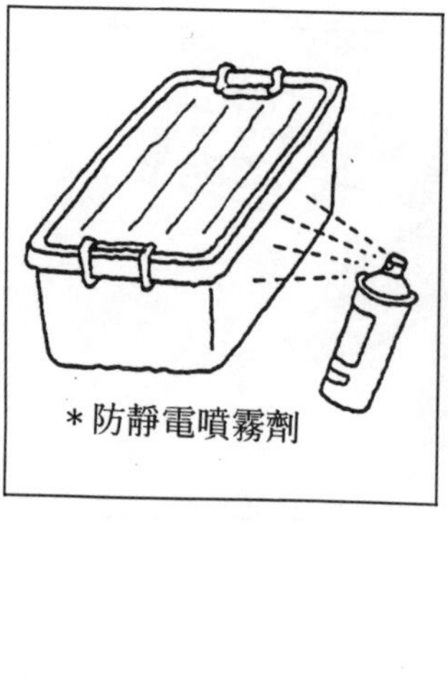

152

利用牛奶盒作整理可提升收藏力

利用範圍極多的牛奶盒，可用來分隔區域，整理內褲十分方便。

如果要提昇收藏力，可將牛奶盒的高度降為抽屜高度的一半，便可堆放成二層。這樣可提升二倍的收藏量，看起來也較為清爽。

MILK
堆放成二層
就能提升二
倍的收藏力
MILK
MILK

153 將襪子捲起來直放

將襪子的長度摺成一半，為了容易捲起，可將腳跟部分朝內側摺，然後整個捲起來，直放在抽屜裡收藏。在抽屜裡製作隔板，可以將高筒襪、低筒襪、絲襪等加以分類。

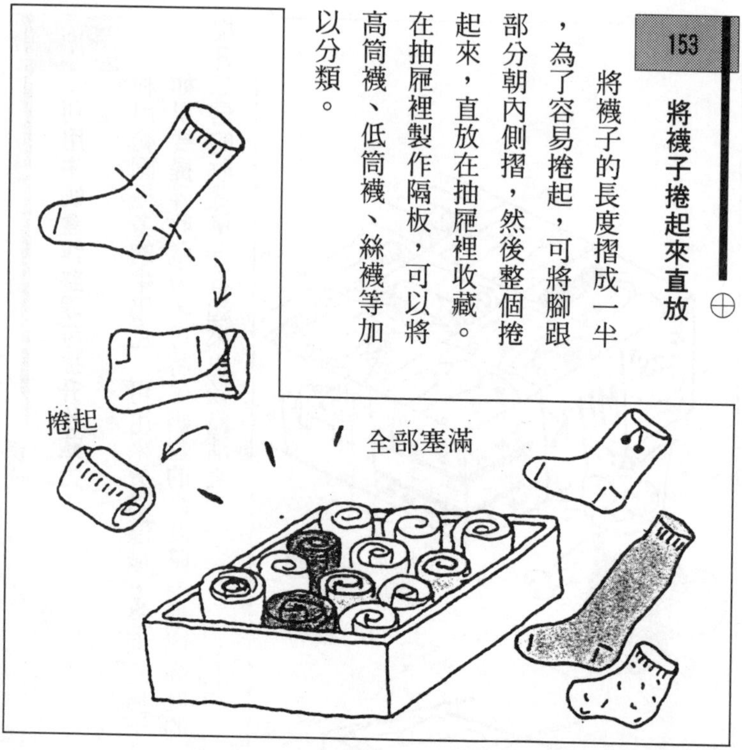

154 胸罩直放可保型並提升收藏力

將胸罩由正中央對摺，把帶子和鐵絲的部分摺入罩杯中，使罩杯朝向同一方向直立排列，比起橫放而言，不但襯墊不易壓扁，且能收藏較多件胸罩。

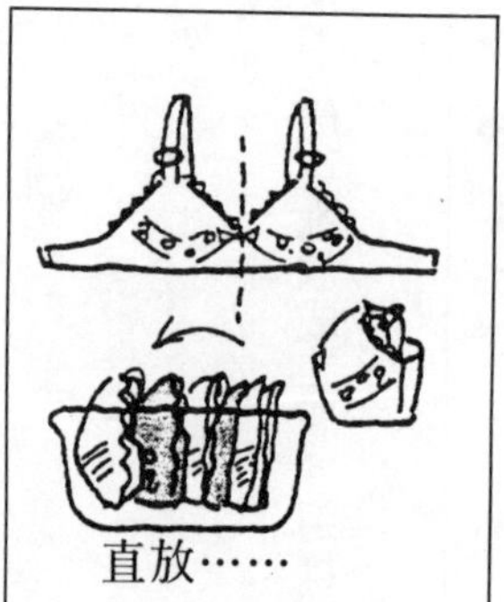

155 在浴室上方或吊櫃中放盒子將衣服摺疊收藏

浴室上方的空間或吊櫃前方的空間，因為手搆不到，容易成為「很少使用的物品擱置場」。為各位介紹在這些空間內放箱子的收藏法。

首先，T恤等可以捲起來，直放在空盒子裡，如果將盒子拉到前方，便能立刻取出想穿的衣服。如果是尺寸較小的小孩衣服，可以放很多件，提昇收藏力。盒子上可貼標籤，便知道裡面究竟放什麼東西了。

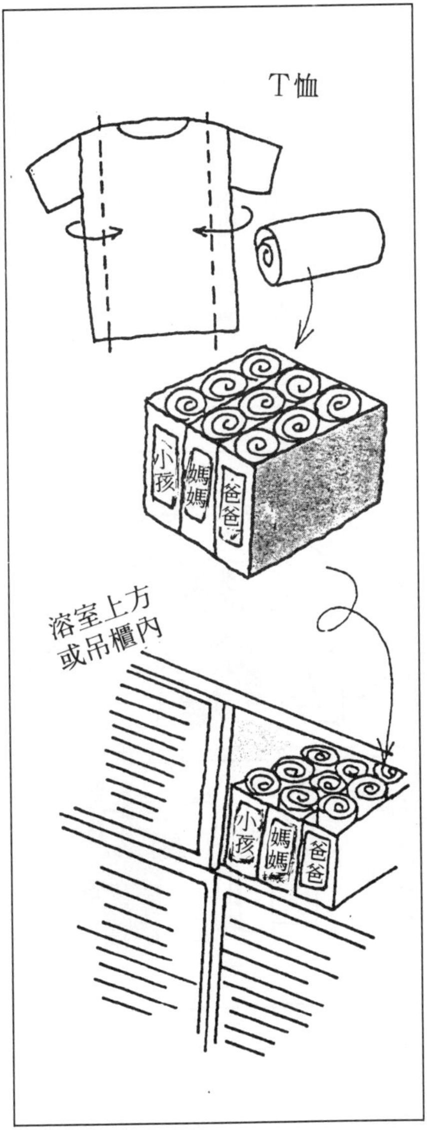

156

二段部掛可提升二倍收藏力的二段式掛西服法

⊕⊕⊕$$$

■壁櫥、衣櫃的重新裝潢

這是將壁櫥重新裝潢，或是訂作衣櫃時，可利用二段式收藏西服的方法。

收藏空間從天花板到地面都可以使用。上下二段有管子通過，上段較高，衣物不易拿取時，可掛一些換季的衣物，下段則收藏現在正在穿的衣服，換季時再將衣服上下的位置對調即可。

此外，若安裝能將高度下降到眼前使用吊衣架，就更方便了。

利用市售的吊衣架

若不打算重新裝潢，也可以利用市售的吊衣架。

以安裝兩根可以伸縮的吊衣架較好。

可以安裝在牆壁與牆壁或牆壁與家具之間。事前，要先確認天花板和地板的強度。所掛衣物的長度等等，此外，若在衣架前拉上捲門，或使用衣罩，即可防止灰塵。

157

提升收藏力的旋轉式掛衣架

⊕⊕＄＄＄

卸下中板的衣櫥或收藏庫，要收藏衣服時，可以利用旋轉式掛衣架。

由於可以達到三六〇度的旋轉效果，因此，即使是內側的衣物，也可以有效地收藏，順利地取出。如果是掛在房間使用時，則必須用塑膠衣罩，防止灰塵。

大小有三十～五十件用，八十～一〇〇件用等各種不同的形態，可以配合收藏場所的尺寸來購用。

旋轉式掛衣架80～100件

小物件、飾品

158

在門內安裝鈎子掛手套或鑰匙

手套或鑰匙如果數量多，可以利用鈎子進行整齊的收藏。

在衣櫥或鞋箱的門內，可掛放這些東西。

手套可利用文具店販賣的文具夾夾起來，將二隻掛在一起。至於鑰匙，為了迅速取出，最好在鑰匙圈上貼標籤，較容易找到。

使用鈎子收藏小物件，容易取出，看起來也很清爽。

159

飾品可利用網子掛起以防打結

「打開飾品盒時，發現項鍊和其他飾物全部糾纏在一起，急著出門，又無法解開。」要防止飾品打結，最好的方法就是將飾品掛起來。可以利用掛廚房用品的鐵絲網。項鍊可利用S形掛鈎掛起，耳環則可連同購買時的小掛片一起掛在鐵絲網上。掛在牆上當成裝飾品也很好。如果掛在衣櫃內，在選衣服時，同時也可以搭配飾品。

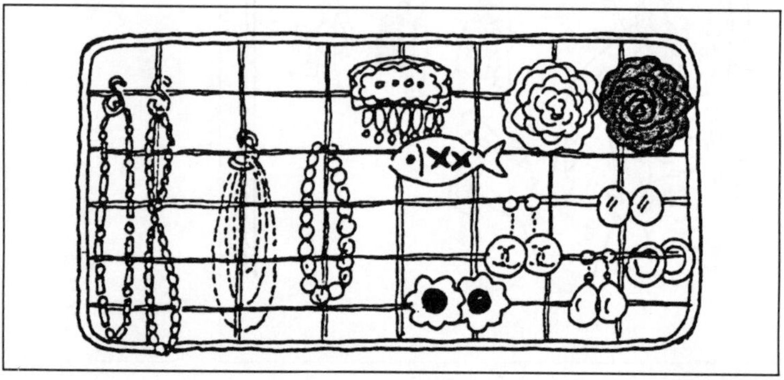

160

徽章可以別在舊衣服上掛著

徽章可以別在已經不穿的衣服上，將整件衣服吊在衣架上，較為方便。捨不得丟棄的幼稚園時期的徽章，也可以一起別在上面。

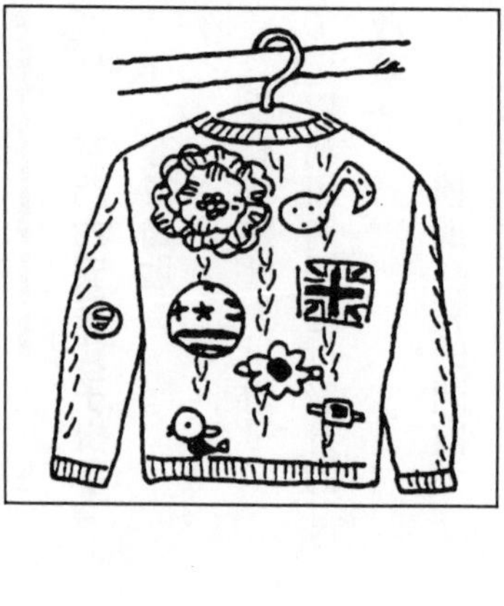

161 利用軟木塞板掛小飾品

利用軟木塞板，也可以整理小飾品。

先用大頭針釘在軟木塞板上，再將小飾品掛在上面。

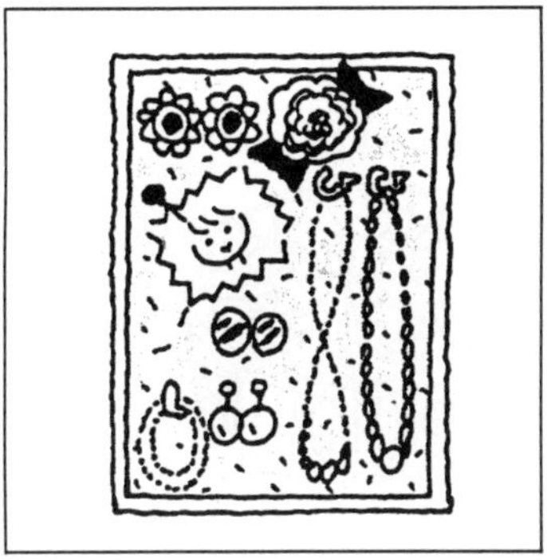

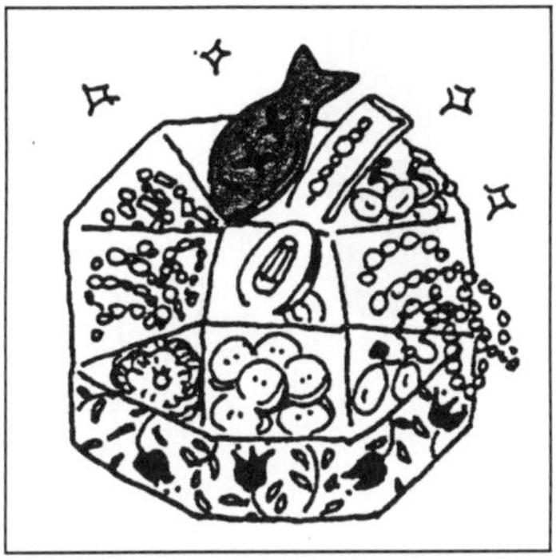

162 利用巧克力空盒放小飾品

隔成許多空間的巧克力盒、餅乾盒等，可以用來收藏小飾品。將耳環或項鍊整組放入其中收藏。

163 將每件小飾品放入小袋子中收藏

容易糾纏在一起的項鍊或耳環，可以一一放入小袋子中。容易選擇，而且不易受損，可以利用文具店販售的小型塑膠袋（附帶封口條較好）。

164 口紅將容器底朝上直放 ⊕⊕

化妝台內放了一堆口紅，挑選顏色時要一一取出加以確認，實在是很麻煩的事。

可以拿配合口紅高度的牛奶盒或點心盒，將口紅直放盒內，再放於抽屜內。再於容器下方寫上顏色，號碼較易辨認。如果有人說：「只知道號碼，再用透明膠帶黏貼於底部，這樣即可一目瞭然，不必一一確認了。

165 小物件放在香料架上 ⊕$$

買衣服時備份的釦子，或是只剩一只的耳環，可能會想：「不知什麼會用到？」像這樣的東西，任何一個家庭裡都有。但是，如果到處散亂，想用的時候可能就找不到了。

這些小東西可以集中放在可放六～八瓶子的香料架上，由於是玻璃製的瓶子，所以看得很清楚，而且有時髦感，不必選擇放置的場所。如能巧妙使用，可以點綴房間。

香料架有壁掛式和旋轉形，可以先想像放入裡面的東西，再配合自己的喜好選擇。

166 髮飾用橡皮筋紮好收藏 ⊕

動不動就會弄丟的髮飾，從頭上取下來以後，趕緊用橡皮筋紮好，和髮夾收藏在一起，就不必擔心會弄丟，而且出門前也可以早點拿出來作準備。

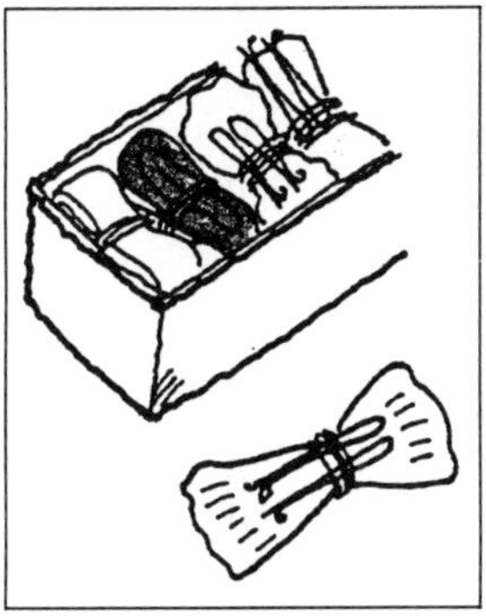

167

⊕⊕$

掛毛巾架和S形掛鈎可收藏皮帶

皮帶的簡便收藏法，是在衣櫥門內安裝在廚房或浴室內使用的掛毛巾架。可以直接用掛毛巾架來掛皮帶，或是使用S形掛鈎，較不易使皮帶折彎。也可以利用壁櫥前方的側面來掛。

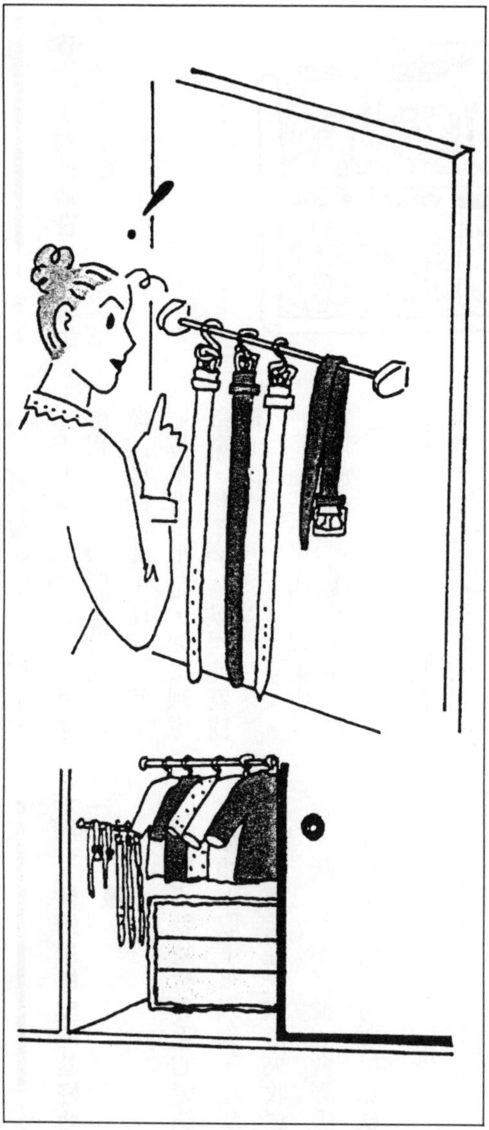

168

提升收藏力的領帶、皮帶架

⊕ $

市面上已有現成的領帶用、皮帶用專用架販售。

想要使用的東西不但一目瞭然，而且能立刻取出。這種能提昇效率性的「專用品」當然很好。

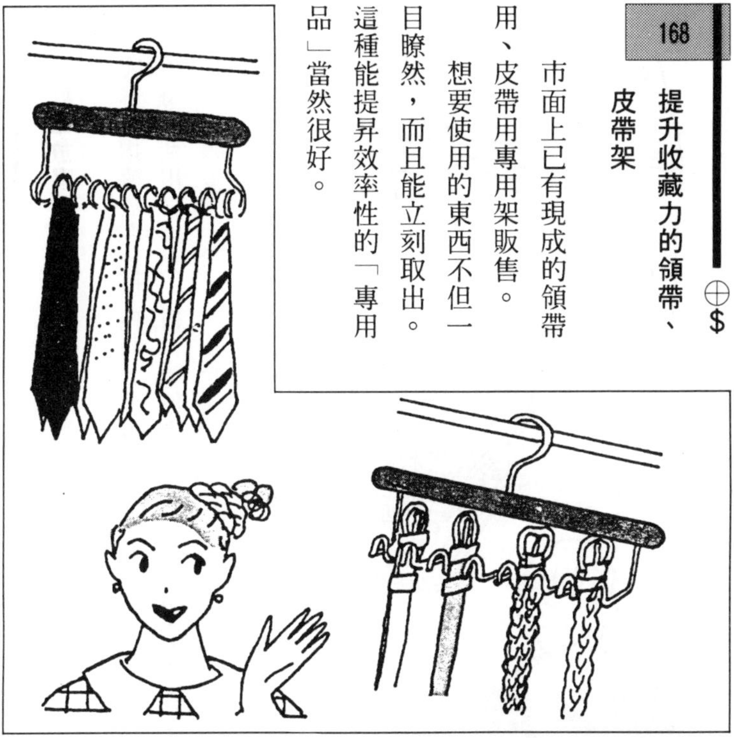

169

將皮帶捲起用鐵絲固定

⊕

皮帶可以捲起來，用鐵絲固定，收藏在籃子或盒子裡。但是末端必須收藏在內側，如果一根鐵絲不夠用，不妨用二根。

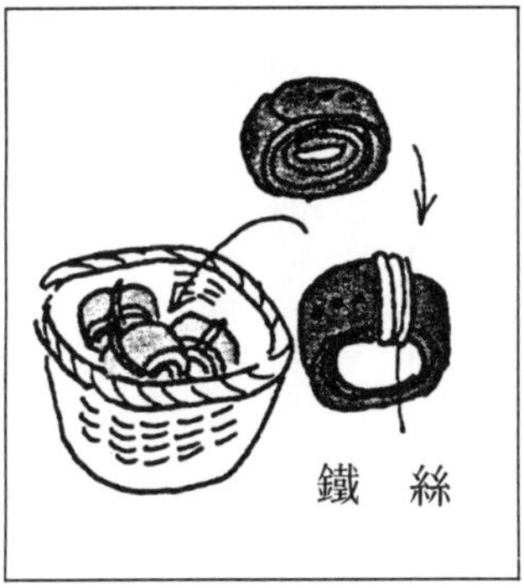

170

絲巾放在文件夾內收藏

⊕ $

將絲巾摺疊放在抽屜內時，要取出下方的絲巾，或在打開抽屜時，往往形成摺痕。

這時可利用文件夾，每一層放入一～二條絲巾，取出時不會有摺痕，收拾時將文件夾橫放。

171

將小皮包放在大皮包內

皮包的收藏非常佔空間。

平常不常使用，或旅行用的大皮包內可放小皮包，然後再放在衣櫥或衣櫃的空間中收藏，集合整理在同一個地方，皮包就不會到處散落了。

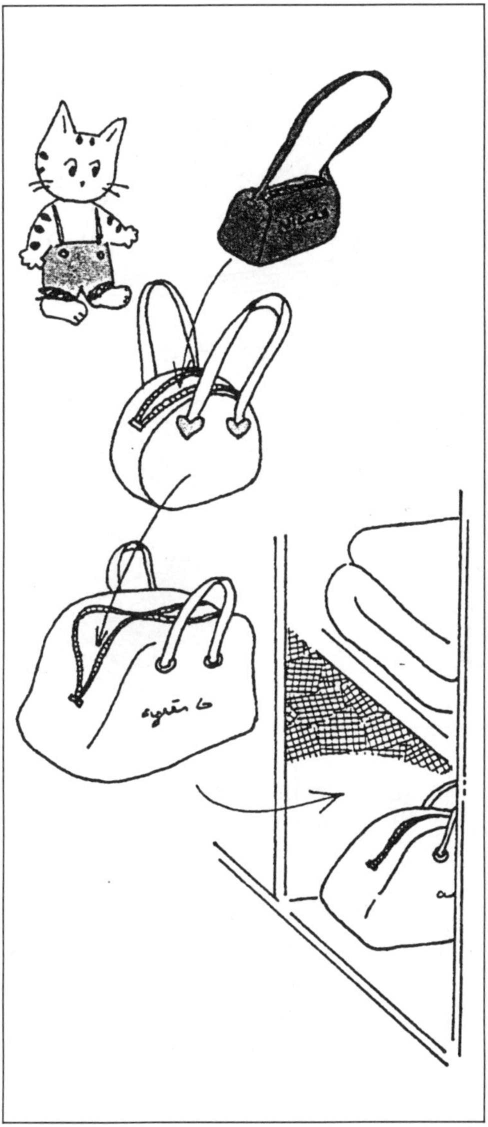

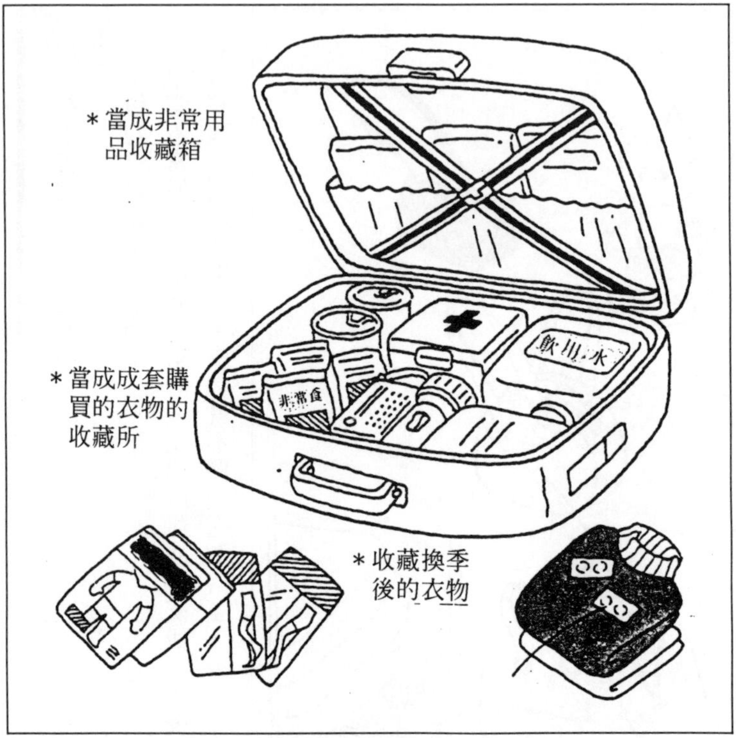
＊當成非常用
品收藏箱
＊當成成套購
買的衣物的
收藏所
＊收藏換季
後的衣物
飲用水
非常食

172

旅行箱的各種用法

旅行箱空置在一隅實在非常可惜，為各位介紹三個旅行箱的收藏利用法。

①收藏一些萬一時要使用的非常用品。如非常食、飲用水、藥、手電筒、攜帶型收音機等。食物、飲料、藥物等要確認保存期限，定期更換。手電筒或收音機內的電池若一直放在裡面沒取出來，液體可能會溢出，必須注意。

②旅行用品或成套內衣褲可存放於旅行箱中。

③收藏換季後的衣物，不要忘記使用防蟲劑。

173

宴會用品集合在一個抽屜中

「平常不常使用的飾品，在遇到萬一時，卻臨時找不到了。有沒有什麼方法消除這種出門前臨時焦慮不安的情形呢？」

只要將這些參加宴會的用品集合在同一個地方，就可以解決這個煩惱了。決定好一個抽屜，當成裝宴會用用品的地方，如手提包、皮帶、小飾物、鞋子等，都可以收藏於其中。

174 網球或高爾夫球道具整理在一起

「襪子在哪裡?衣服和鞋子呢?……」準備去打網球時，慌慌張張地。如果衣服放在衣櫥，鞋子放在鞋櫃分開收藏，一旦要收拾起來，可能忙得團團轉。

球拍、網球服、鞋子、襪子、運動毛巾等，全都收藏在一個袋子裡，就能夠迅速準備完成。高爾夫球用品也要以同樣的方法收藏。

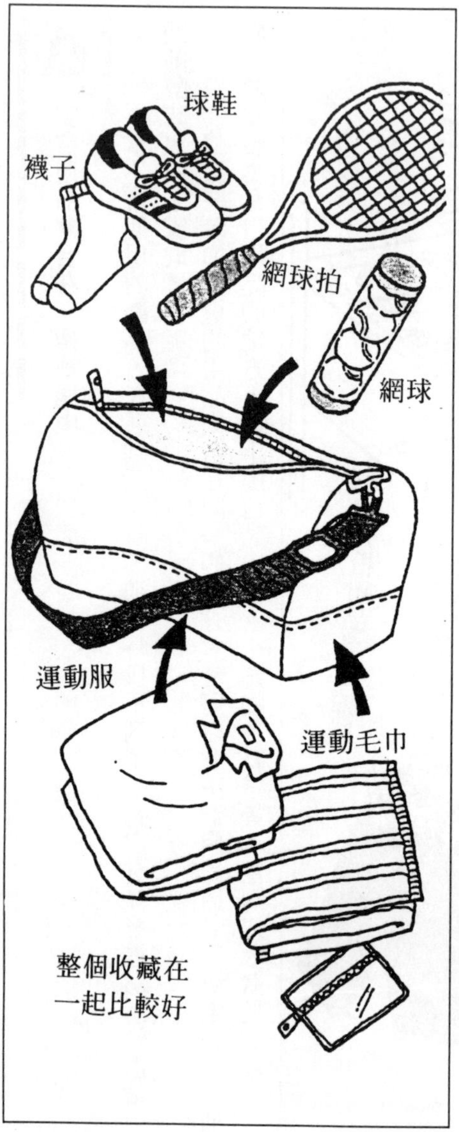

第四章 玄關、浴室篇

玄關

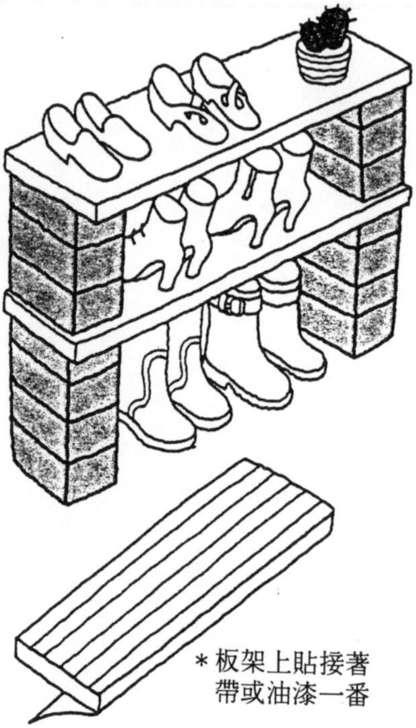

＊板架上貼接著帶或油漆一番

175 使用磚頭和板子，能做成簡便鞋架 ⊕⊕⊕$$

由鞋櫃裡取出的鞋子，非常適合用磚頭做成簡易鞋架來收藏。

作法很簡單。配合空間，組合磚頭，在上面舖板子，只要重複二～三次就能夠做好架子了。

配合鞋子高度調整磚頭的數量。如果縱放時，可以收藏馬靴，但是磚頭較為脆弱，缺乏穩定性，所以橫放較好。

若有時間，可以在板架上貼接著長帶，或油漆一番，便能使印象整個改觀。

176

鞋子利用市售器材或鐵絲掛鉤可以有效收藏

⊕$$$

夏天用、冬天用等，分季節使用的鞋子數目非常多，有時候鞋櫃會放不下。

現在市售的各種器具可以解決這個煩惱。例如，將一段的高度斜放，能夠再放入一雙鞋，有的鞋架只能容納一雙鞋的空間，如果能巧妙利用，不必擔心鞋子變形，又能達到有效的收藏。此外，若不想花錢時，可以將晒衣架拉長成S形，自己動手作鞋架。

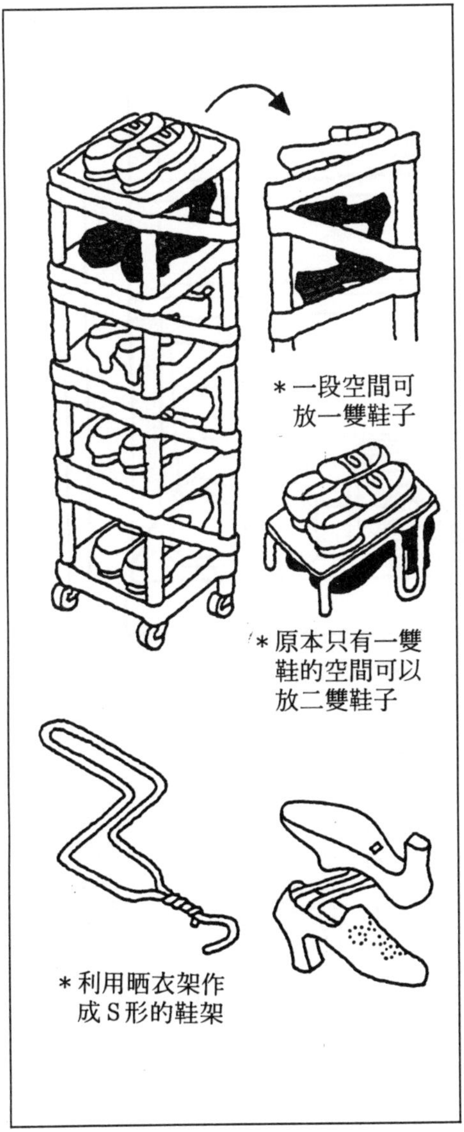

＊一段空間可放一雙鞋子

＊原本只有一雙鞋的空間可以放二雙鞋子

＊利用晒衣架作成S形的鞋架

取下板架，利用鐵架調整

177 將架子放在鞋櫃內配合鞋子的高度收藏

鞋子的大小和高度，通常都已決定了。但是像馬靴、長靴等較高的鞋子，或是鞋跟較低的鞋子，並不具有相同的大小。

要收藏這些鞋子，可以將鞋櫃內附帶的板架取下，自己利用鐵架製作適當的收藏空間。

例如，將鐵架的高度移低，下方可放平底鞋，上方放靴子，便能夠節省空間。

178

鞋子放在布袋裡重疊能提升收藏力也能掛起來

⊕⊕$

將鞋子放在袋內重疊，放在鞋櫃內收藏，就能夠提昇收藏力，且不佔空間。

此外，放在袋子裡以後，可將袋子掛在牆壁或鐵絲網的鉤子上收藏。

布袋可以利用買鞋子和皮包時附帶的布袋，或是自己動手縫一個，質料選擇做睡衣時所用的法蘭絨等較軟的質地較好，口的部分用袋子紮緊。

如此，放在袋子內收藏時，就不必擔心另一隻鞋子找不到。

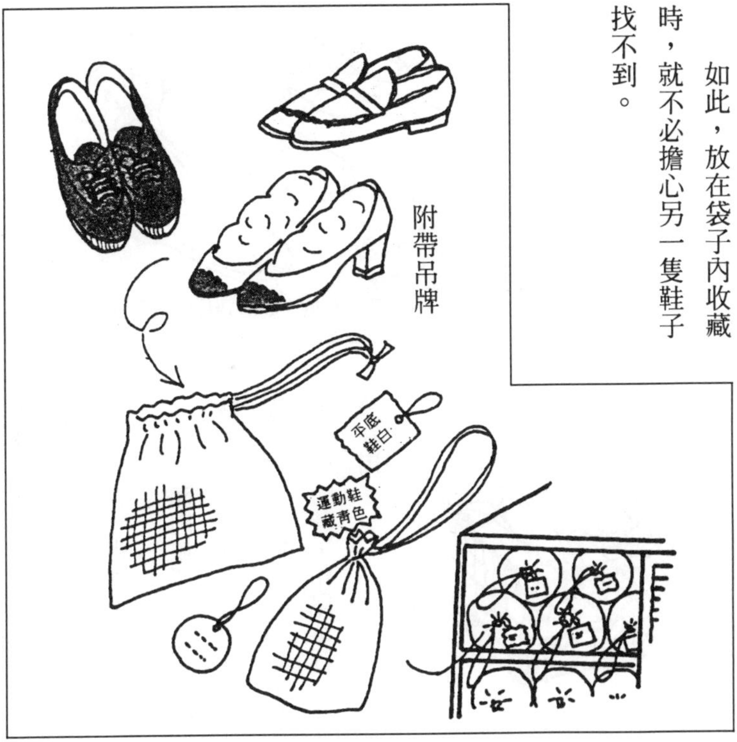

179 鞋子用絲襪罩住能保持光亮 ⊕⊕

購買昂貴的鞋子，在收藏時必須注意。但是，已經處理好的鞋子，若直接放置，容易佈滿灰塵，而且在整理鞋櫃，把鞋子拿進拿出的時候，恐怕會磨損。

要使擦好的鞋子保持光亮，就必須將其放入絲襪中，具有極佳的通氣性，而且即使是細緻的素材，也不必擔心遭損傷。

將舊絲襪剪成適當長度，罩在鞋子上，一端綁得鬆一點，以便可隨時取出來穿。這樣不但不易沾灰塵，且能保持鞋子光亮。

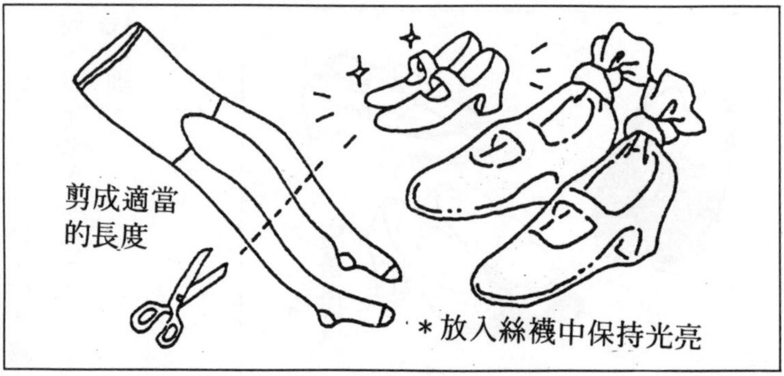

＊放入絲襪中保持光亮

180 鞋櫃內附帶廚房用的架子收藏小物件 ⊕$

鞋櫃內放置廚房用的鐵絲架，可以收藏鞋刷、鞋油等小物件，同時也可以放鞋跟較低的鞋子和兒童鞋，十分好用。

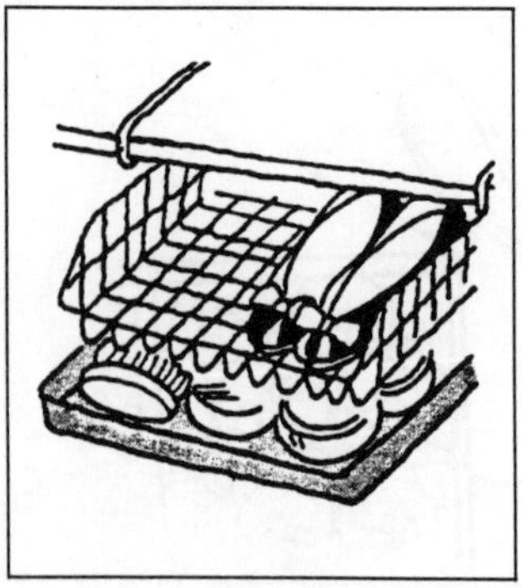

181

小孩鞋利用專用鞋架使玄關清爽

⊕$$

看到水塘故意咱地一腳踩下去，故意通過泥濘地……對任何事情都感興趣的孩子，鞋子常常佈滿泥土。把這樣的鞋子放入鞋櫃內，你當然會產生反感。這時，可以利用空罐或水桶作收藏。

此外，在鞋櫃上可放小孩鞋專用的簡便鞋架，這樣可以整理骯髒的鞋子，鞋櫃也能夠清爽。此外，既然放的是兒童鞋，當然不須太大的空間，能提昇收藏效果。

182

將牛奶盒堆起來放置小孩鞋

牛奶盒斜切，橫兩列，縱二～三段堆放起來，做成鞋架放入鞋櫃中，可放置小孩鞋。排在鞋櫃內的其他鞋子可能會沾到小孩鞋上所帶的泥土而弄髒，但是若將小孩鞋放入牛奶盒中，就不用擔心骯髒的問題了。

因為一個牛奶盒只能夠放一隻鞋子，所以排列的數目為偶數。

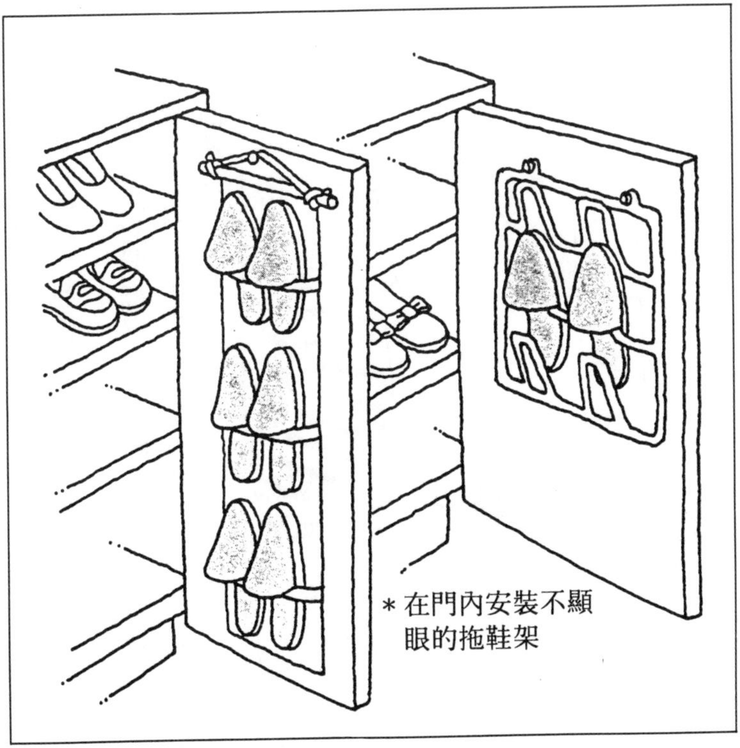

183 鞋櫃門內可放置拖鞋架

鞋櫃門與內部空間有一段頗大的距離。

這時，可在門內安置拖鞋架，無論是鐵絲製或布製的，市面上都有賣。

此外，也可親手做布製鞋架，只要在布底縫個可以掛拖鞋的部分就可以了，非常簡單。

掛拖鞋的部分，可使用與布底同樣的布，或是用橡皮帶。利用布的上端車成圓形讓棒子通過，將棒子用繩子綁住掛起來即可。

184

鞋子和拖鞋可利用掛毛巾架直立收藏

⊕⊕$

「在狹小的玄關擠滿了散亂的鞋子，空間更為狹小。」

這個煩惱可以利用掛毛巾的架子來解決。可以掛在玄關壁，將鞋子直放，使玄關周圍清爽。上面還可以再安裝一根棒子，用來收藏拖鞋。

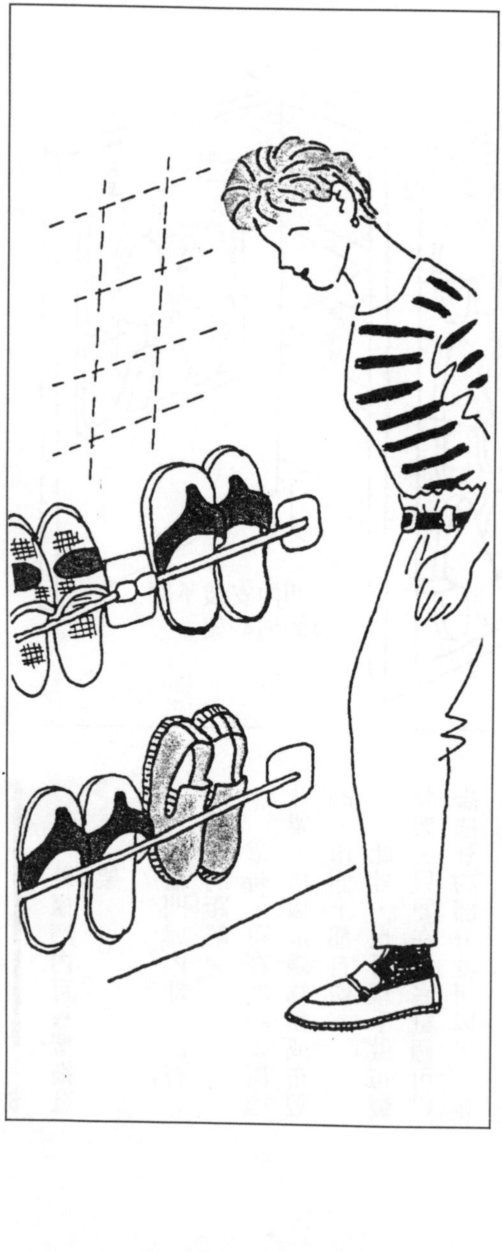

185 小孩鞋可以放入大人用的鞋盒內 ⊕

鞋盒是用來放大人用的鞋子，但是若放小孩鞋，只放一雙太佔空間，所以可以一次放二～三雙，就不會佔空間了。

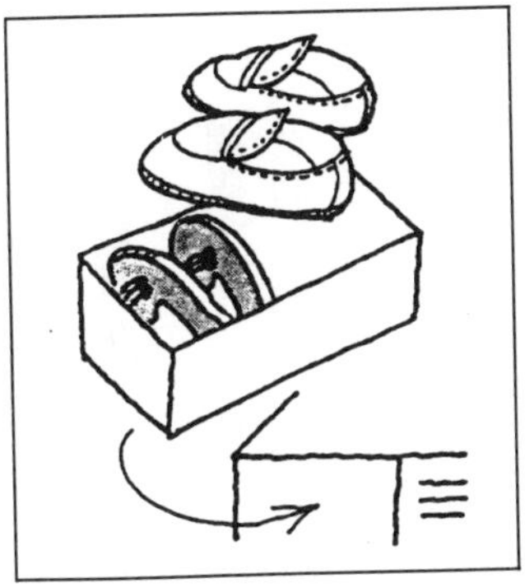

186 利用可摺疊傘架提升收藏效果 ⊕$$

傘架放在玄關，很佔空間。

這時，使用可以向內按壓摺疊的傘架比較好，能在背面安裝磁鐵，貼在鐵製的門上，不需要利用時，保持摺疊狀態，看起來也較為清爽。

187 玄關牆壁裝管子可掛傘並當作扶手

⊕⊕$$

擱置傘架，會使玄關的空間更形狹窄。

此時，若在玄關壁裝置管子比較好。如此一來，不但可以掛傘，同時也可以作為在脫鞋或穿鞋時用的扶手。此外，下雨時在傘下放置磚塊，就能夠吸收水滴。

188

玄關放伸縮棒放置雨衣及玄關的小物件

⊕⊕$$

濕淋淋的雨衣不能直接穿入家內，要放在玄關晾乾。這時可利用伸縮棒，放在玄關的水泥地上，棒子上掛幾種市售的掛東西專用的掛鈎。除了雨衣外，也可以配合傘或玄關小物件等收藏的物品來購買。

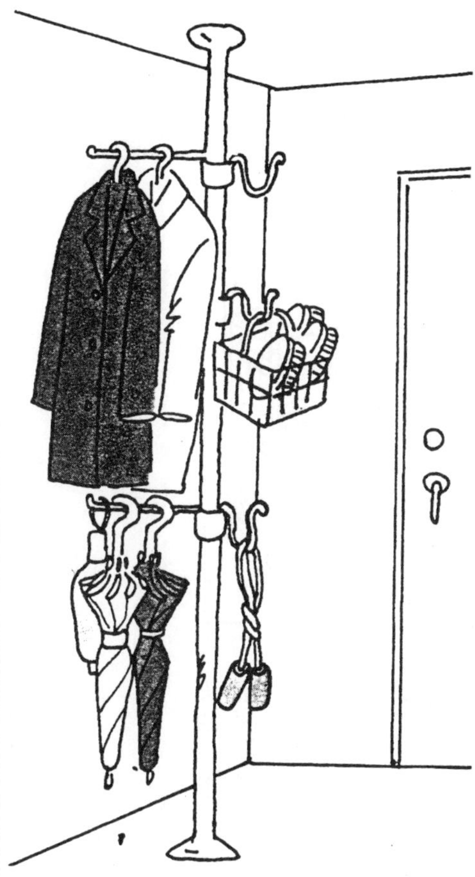

直徑 30 公釐的伸縮棒

浴室

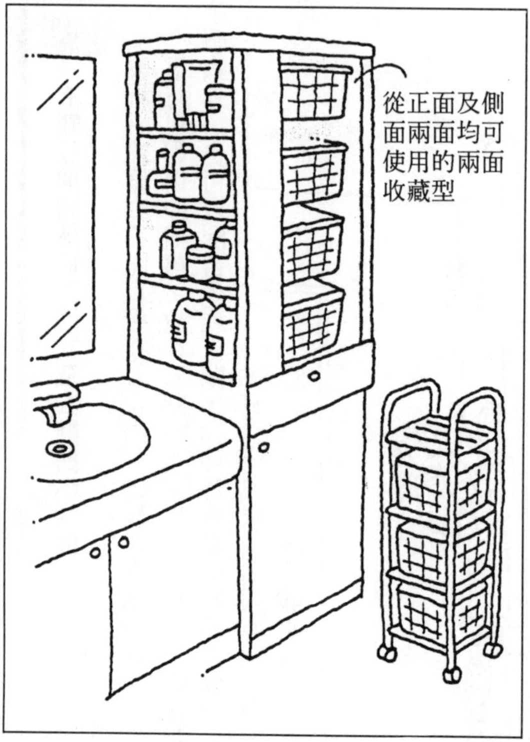

189 浴室可利用長形架子和手推車整理 ⊕$$$

浴室常放著一些零亂的東西，但是在沒有充分收藏空間的時候，利用細長的架子比較好。

下方是抽屜或洗衣機，上方則有從正面、側面均可使用的兩面收藏型。側面的空間可以擱放化妝品或洗臉用品。

此外，附帶滑輪的手推車能夠移動，不會造成阻礙。下方是抽屜，而上方則是滑輪式架子，或是由幾段籃子組成的手推車等各種樣式均有，不一而足。

190　將洗臉檯周圍的小物件整個收藏起來

⊕$

浴家內所放的洗臉用品、化妝品、護髮用品等零亂的小東西，要儘可能分類收藏整理。可以利用籐籃、塑膠盒等作分類。如慕絲、梳子等護髮用品、化妝水瓶、沐浴乳等護膚用品……可分類放在籃子裡，如果沒有放籃子的空間，可以整個集合起來，放在手推車裡。

橡皮筋、絲帶等髮飾，可以利用有小格子的分隔盒，口紅、眼影等化妝品也可以放入其中。

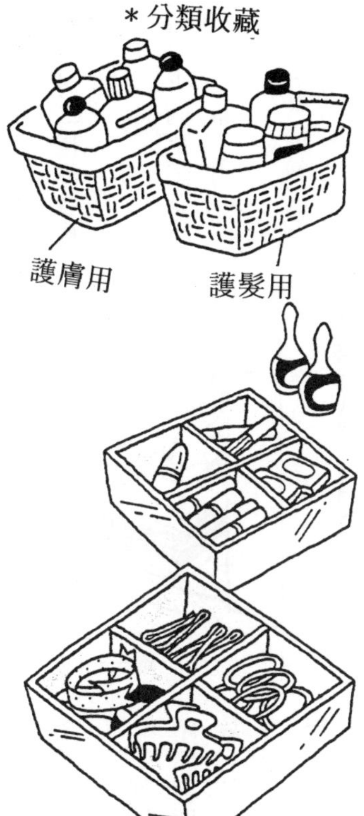

零零亂亂容易弄丟，可利用有格子的盒子收藏……

191 洗臉檯利用匚字型的架子提升二倍的收藏力 ⊕ $

在洗臉檯上的空間放置匚字型的架子，能提升二倍的收藏力。

架子的下方放置較矮的化妝瓶或洗臉用品，上方則放置較高的瓶子和噴霧劑。

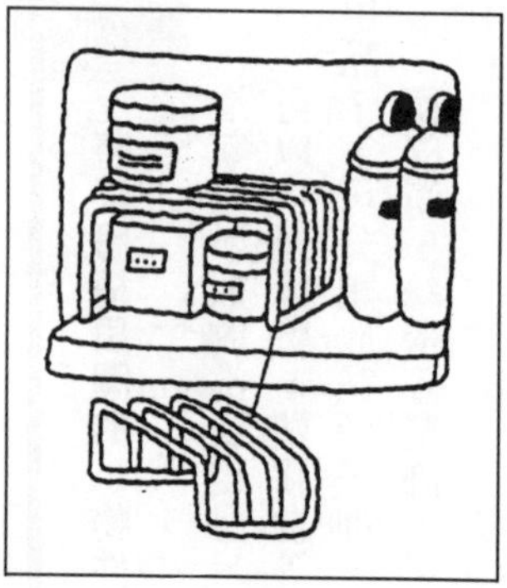

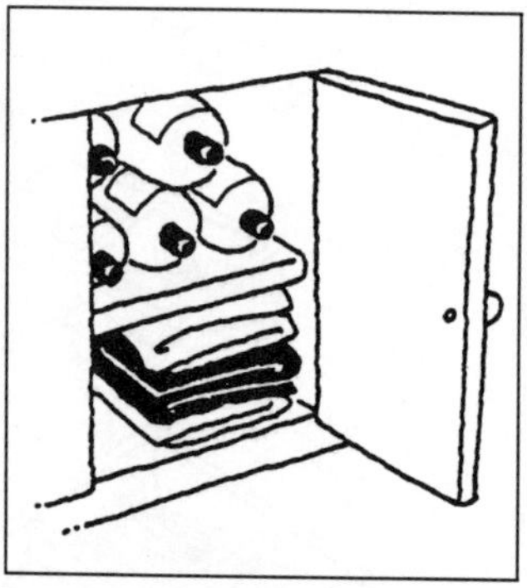

192 洗臉檯下方的架子放瓶子類以提升收藏力 ⊕⊕ $$

洗臉檯下方的空間是非常適合放置清潔劑或洗髮精的空間。在此安置架子，將洗髮精等橫放，可提升收藏力。

193 打掃用具依場所別整個收藏在容器中 ⊕ $$

利用稍大，帶有把手的塑膠容器，將打掃用具整個放入其中收放，使用起來較方便。可分為浴室、盥洗室用、廁所用等，各自收藏，但是抹布是濕的，要放在別的容器內收藏。

洗衣機架

194
利用專用架使洗衣機上方也成為收藏空間 ⊕⊕$$$

在狹窄的盥洗室內，洗衣機上方的空間是不容忽視的。專用架能夠朝上下左右伸縮，適合各種洗衣機的尺寸，可以收藏洗劑類，或是洗濯小物件、毛巾等。

架子可以作成適合自己使用的方式，如前方的棒子可用來作掛衣架，將洗好的衣服當場掛起來，再拿到陽台去晒，在寒冷的冬天早上，或是暑熱的夏天，儘可能在室內晾乾，然後再拿到陽台去晒乾，就更輕鬆了。

195 利用架子收藏浴室的小物件 ⊕$$$

肥皂、洗髮精類、洗澡刷、打掃用的工具，有幼兒的家庭甚至連玩具類，都會收藏在浴室中。這些東西都可以集合在一個地方收藏。

市面上售有各種浴室用的架子，有的是採用支撐式固定在三角的角落型，或是擱置在地板型，也有掛在蓮蓬頭上方的，也有掛在浴缸旁的，各式各樣都有。

擱在地板上的，很佔空間，不適合狹窄的浴室，而掛在蓮蓬頭上的不佔空間，但是坐下時手搆不到，這是它的缺點。

購買時要考慮各種架子的特質，選擇適合自己家庭用的。

＊能有效利用有限空間，收藏浴室的小物件

斜的架子連擠壓式的瓶子都可以放著使用

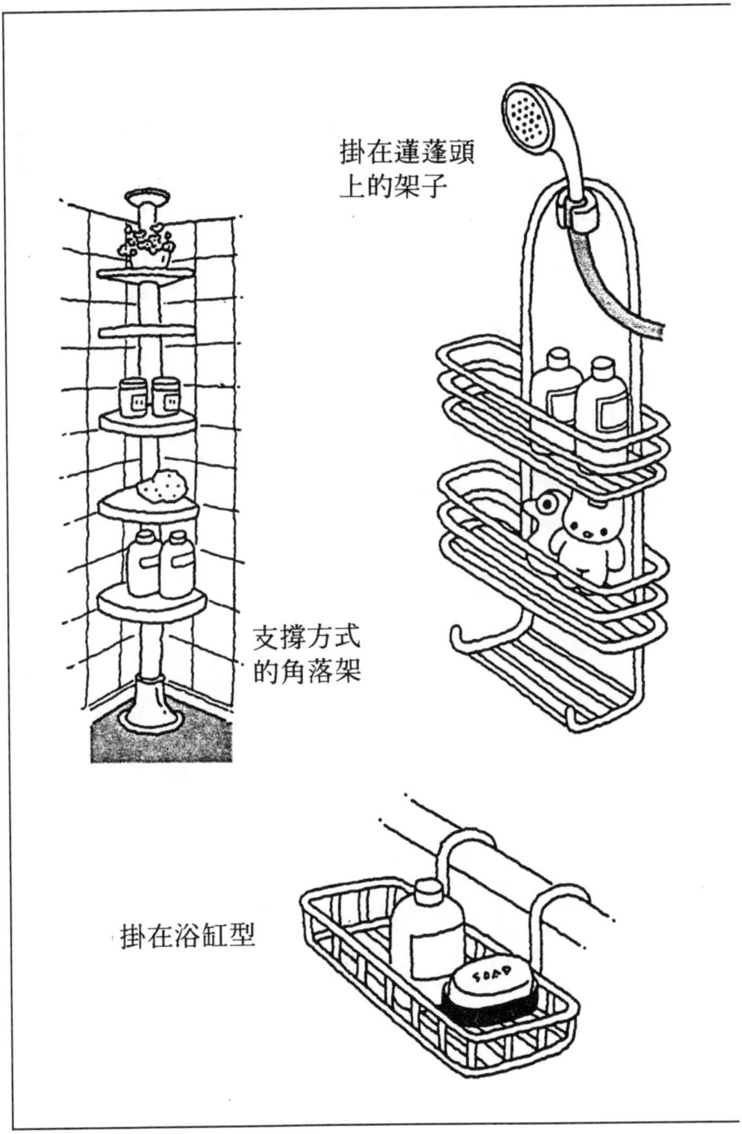
掛在蓮蓬頭
上的架子
支撐方式
的角落架
掛在浴缸型
SOAP

196

將毛巾捲起因空間場所的不同可直放或橫放 ⊕⊕

盥洗室的毛巾如果疊放在抽屜中，每次都是使用到上方的毛巾。如果毛巾全部要使用，要將毛巾捲起。如果抽屜較淺，可以橫放。如此一來，因為深度不足，疊放時只能放幾條毛巾的抽屜也可以利用。抽屜較深則可直放。如此則即使是深度較淺的抽屜也能有效使用。

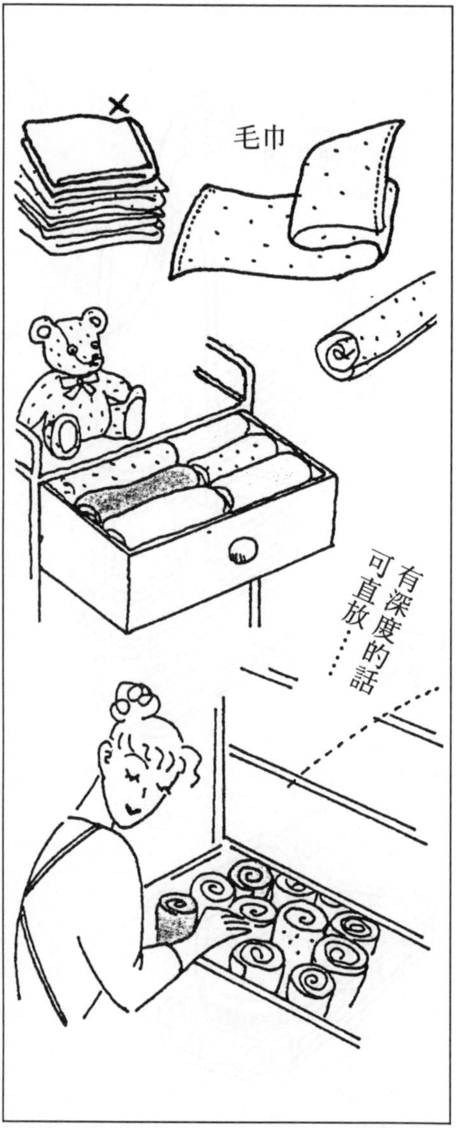

197

廁所角落放長形架

⊕$$$

廁所的角落可以放置不會形成阻礙的長形架。

衛生紙、芳香劑、毛巾、打掃用具等廁所用品，都可以收在裡面。

此外，為避免打掃用具太過顯眼，要講求顏色的統一感。牆壁、馬桶蓋的顏色等，整個廁所必須保持同一色調，而打掃用具也要採取搭配的色調。

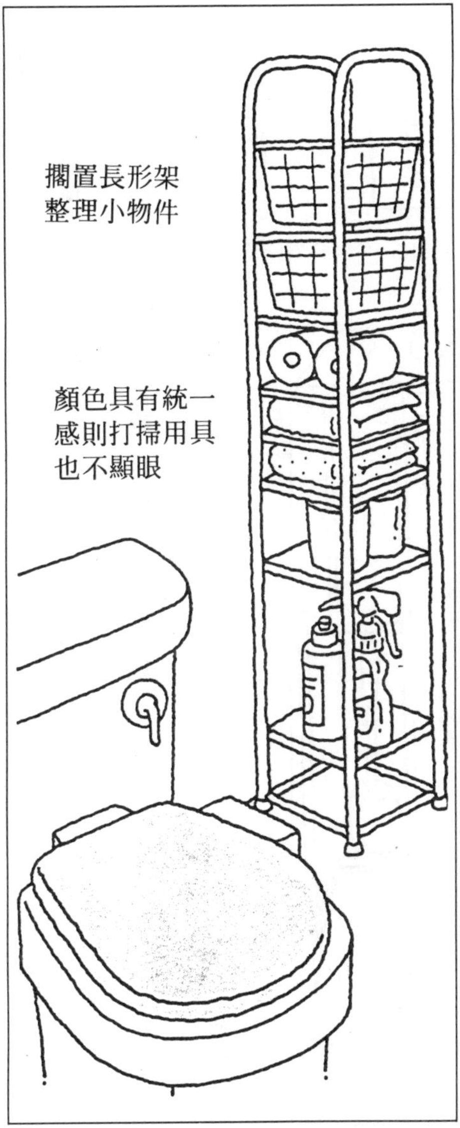
擱置長形架
整理小物件
顏色具有統一
感則打掃用具
也不顯眼

198

馬桶兩側當成收藏空間

⊕⊕$$$

打掃廁所的用具或衛生紙要儘可能採用隱藏式收藏。

這時可以在馬桶兩端使用直立型的收藏架。

如果架子比馬桶高，兩邊的架子可以用一片木板相連，上方放一些小飾物，使煞風景的廁所也能有明朗的氣氛。

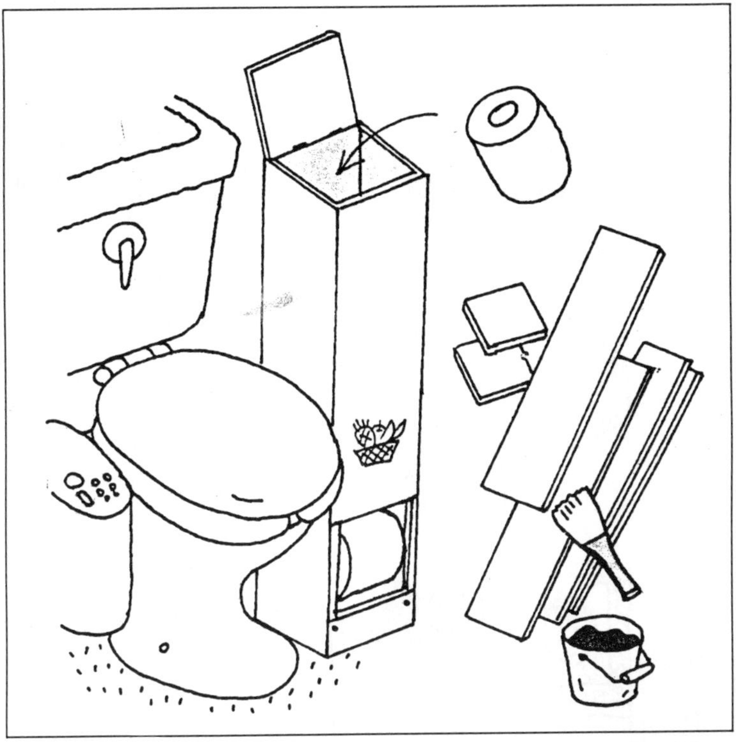

199

親手做衛生紙貯存架 ⊕⊕⊕$$

親手做衛生紙用的貯存架，擱置在空間死角，你覺得如何呢？

把木板切成適當的大小，再漆成喜歡的顏色，再用釘子釘起來即可，並不會太麻煩。

為了使這個架子的下方可取出衛生紙，取出的部分最好多留一點空間。

上方的板子附帶鉸鍊，做成上開式蓋子，可由這個部分補充衛生紙。

200

在廁所用三片木板做成簡便架

⊕⊕⊕$$

「想在廁所放架子，可是卻沒有辦法發現適合空間大小的架子。」這時，你可以自己動手做。將木板漆上喜歡的顏色，二片直板用橫板相連，釘上釘子，就能做出上下二段的簡便架。下方放清潔用具，上方則當作裝飾架使用，放一些充滿綠意的盆景。

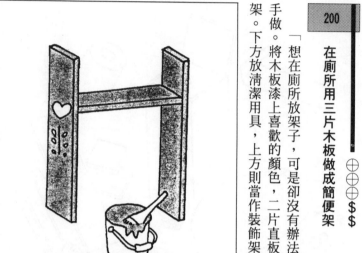

■例外篇
活用家具保管箱確保住家外的收藏空間

在國內住宅情況中，家具保管箱變成有力的同志

巧妙活用可使家中清爽

「沒有不要的東西，家裡常堆滿了東西，若能再有一個衣櫥，該有多好……」許多人都有這樣的煩惱。

能夠解決這個煩惱的，就是家具保管箱，如不合季節的衣物、現在不用的家具、數量龐大的書籍等，都可以租個保管箱來收藏，使家中清爽。

家具保管箱一般而言，是由處理衣物，或家具，或書籍、美術品的業者負責出租，此外也有專門處理書籍類的業者。

不能交給綜合處理業者收藏的東西，是危險物品、生鮮食品、腐爛的東西，或是現金、有價證券等，其他東西都能夠寄放在那兒。

利用家具保管箱時，要注意的是設備和依賴性。需要特別管理的東西如毛皮等，需要一定的溫度及溼度管理，而若要寄放貴重品時，最好檢查一下警備系統。

寄放價格依公司不同而有差異。基本上，依照寄放品的容積以及寄放價額（如係因保管者的疏忽而發生事故時的賠償限度額）來決定。

此外，要放入或拿出寄放的物品時，需要作業手續費，不過一年有幾次是免費的。關於詳細的系統，一定要仔細聆聽各業者的說明。

卷　末

收藏前的處理

衣物、小物件

從洗衣店取回的衣服由塑膠袋內取出通風、乾燥

從洗衣店取回的衣服，你會不會直接將它套在塑膠袋裡收藏起來呢?到下一個季節要使用時，得經過一段很長的時間，殘留在衣物上的洗劑、濕氣等，可能會導致衣物發霉、損壞衣物。

衣物從洗衣店取回以後，要檢查污點是否除法，鈕子有無脫落，一定要從塑膠袋內取出，放在通風良好的地方乾燥。

處理的基本是去除污垢、充分乾燥

衣物或小物件在收藏之前要先洗乾淨，去除污垢是基本要件。

但是只穿過一次的衣服送到洗衣店去洗，會覺得很浪費。此外，像皮革、毛皮、絲質衣服，因衣物種類的不同，有時要避免送到洗衣店洗，自己處理才會比較乾淨。

處理的基本，就是擦拭、乾燥。

整體而言，要先去除灰塵，如果有污垢，要用溫水或揮發油、中性洗劑等去除污垢，然後放在通風良好的陰涼處充分乾燥再收藏。

●羊毛西裝、夾克

陰乾一小時後再仔細刷過

①先放在通風良好的陰涼處陰乾一小時，再用豬毛刷像拍打灰塵似的整體刷過。

容易積灰塵的肩膀、衣領內側及接縫處，都要仔細地刷。

②其次，衣領、袖口等容易有油污附著的部分，要用布沾揮發油擦拭。擦拭時在下方墊毛巾，較容易作業。

③在衣架上擱置三十分鐘，使揮發油揮發掉之後，再利用沾有溶入少量中性洗劑的溫水擰乾後的布，整體略微擦拭，去除表面的污垢。

中性洗劑的使用量減少，布要擰乾，這是重點所在。

④最後，使用溫水把布打濕，充分擰乾後擦拭，放於陰涼處使其充分乾燥。

①

②

③④

●棉製大衣

衣領要利用揮發油連邊緣都擦拭乾淨

和夾克同樣，陰乾後用刷子刷過，污垢要利用揮發油及沾過肥皂水再擰乾的布擦拭去除。

棉製大衣的衣領容易留下長條狀污垢，這時要利用揮發油及肥皂水，以布沾溼再擰乾，然後擦拭去除。為避免出現環狀痕跡，一定要由根部往外側，連衣領邊緣都要擦拭到，才是秘訣所在。使用過肥皂水以後，要將布用溫水打溼，充分擰乾再擦拭一遍，去除肥皂水。

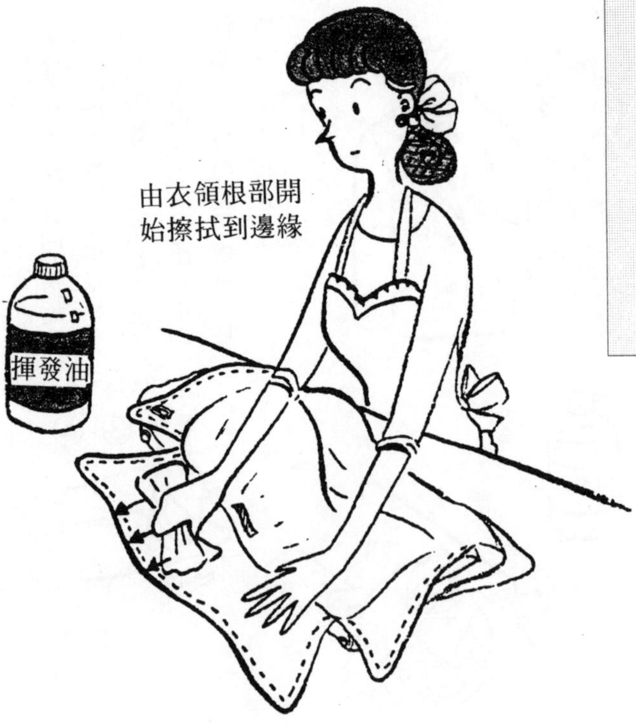

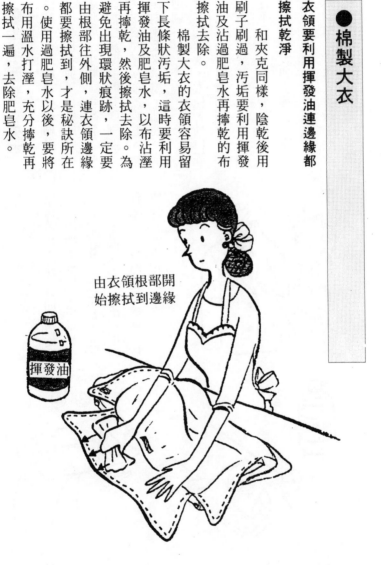

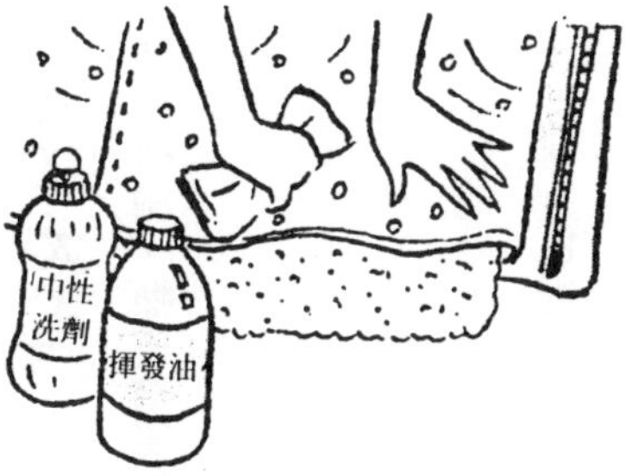

擦拭內側的下襬時，皮革部分要蓋上毛巾，絕對不能沾到揮發油

●皮夾克、皮大衣

要去除污垢要用皮革用清潔劑與乳液

皮革製品不喜歡水，因此污垢要利用皮革用清潔劑擦拭。

衣領、袖口等容易骯髒的部分，在擦拭的部分下方墊毛巾，再用薄薄的沾上一層清潔液的布擦拭，再用乾布擦拭，爾後再塗抹配合素材及皮革顏色的皮革用乳液。清潔劑和乳液只要塗抹少量即可。

當皮革的顏色變淡或掉落時，要利用補色用的乳液塗抹，淡色皮革可調和乳液，配合顏色輕輕塗抹。

最後，為使皮革產生光澤，恢復柔軟性，可用硅油布磨亮。

裡面的污垢，則要將中性洗淨液溶解於溫水中，再用毛巾沾濕、擰乾後擦拭。

用揮發油擦拭也可以，但是皮革的部分容易變硬，必須注意。而擦拭內側的下襬部分時，皮革部分要蓋上毛巾，避免沾上揮發油。

●絨皮、毛皮、夾克與大衣

使用鐵刷、橡皮擦等專用處理品

陰乾後用刷子刷過是基本的處理方法。絨皮可以使用柔軟的豬毛刷，同時要沿著毛排列的順序整體刷過，然後再朝相反的方向刷（①）。

如果不是很髒，這樣處理就可以了。但是如果整個毛都凹凸不平、污垢非常嚴重時，就要利用絨皮用的橡皮擦、鐵刷子，依圖示方法處理（②）。

①

此外，去除污垢後，因為顏色會變淡，所以要利用皮革用的補色噴霧劑或補色筆加以修正。一旦補色，這個部分的顏色會變得太深，必須注意。

處理毛皮時，要用刷子刷過。污垢可以用毛巾沾用溫水稀釋過的中性洗劑，最後再用清水擦拭一遍（③）。

污垢去除後，等乾了後整個用刷子刷過，掛在具有通氣性的衣架上收藏。

②

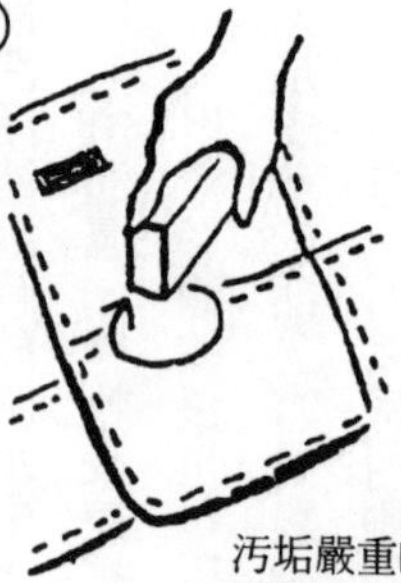

污垢嚴重的部份以畫圓的方式輕輕摩擦

③

●羊毛衣、山羊絨毛衣

放在戶外通風，抖落灰塵再刷過

只穿過一季的新毛衣不需要洗。

放在屋外通風、抖落灰塵，然後再用長刷拍打、刷過。

有污垢的地方，要在下方墊毛巾，利用揮發油，從污垢中心往外方擦拭。

如果沾到食物，要以舊牙刷沾水，輕輕拍打，以不傷害毛的原則去除污垢。

如果很髒，整個毛粘在衣服上的毛衣，則可送洗衣店洗，或自己清洗。

清洗時要照圖示要領來進行，洗劑及柔軟劑都要比指示量少才好。

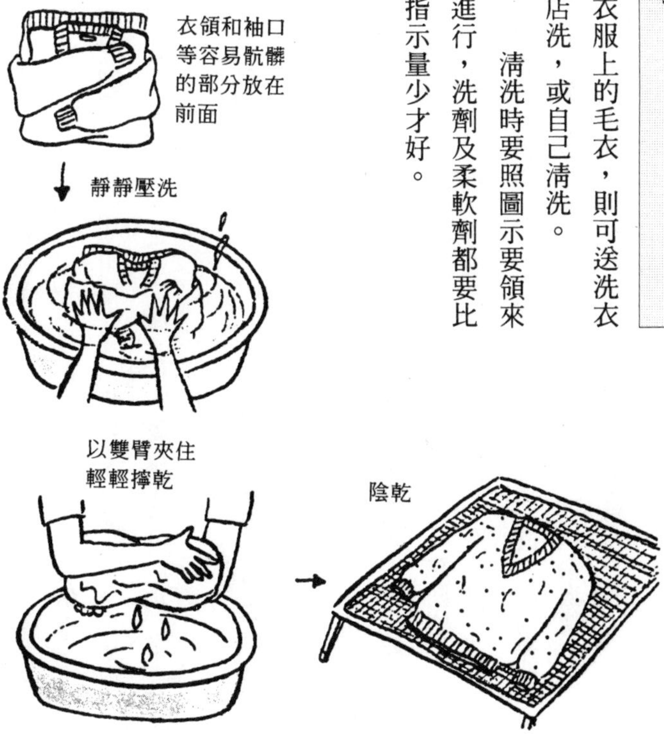
衣領和袖口等容易骯髒的部分放在前面
靜靜壓洗
以雙臂夾住輕輕擰乾
陰乾

◇皮革製品的處理需要用專用品

皮革製品需要使用乳液等專用的處理用品，幾乎與皮鞋用品相同，因此可以一併備齊。

刷子　毛皮要使用長毛柔軟刷。絨皮要用絨皮用尼龍及兩用刷較方便。

清潔劑和乳液　皮革有皮革專用的清潔劑和乳液，清潔劑選擇配合貂油的製品較方便。

絨皮可以使用去除污垢專用的橡皮擦和摩砂橡皮擦，以及處理毛球的鋼刷等。

脫色的補色　可以使用噴霧劑、筆、乳液等。如果範圍較廣，可用噴霧劑和乳液，狹窄部可使用筆。

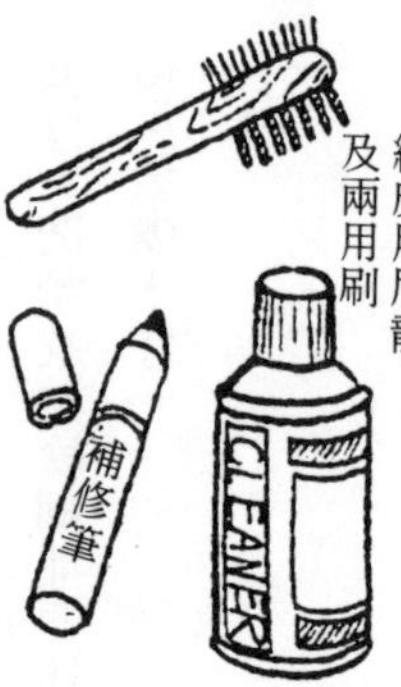

絨皮用尼龍及兩用刷

◇衣物的「保險」「防蟲劑」及「除濕劑」

天然纖維以及近來常見的合成纖維，由於混紡相當複雜，所以容易遭受蟲害。

在密閉型的收藏箱中保管時，一定要放入防蟲劑，此外，一併放入除濕劑（乾燥劑）就能夠防止發霉。

防蟲劑要依衣物的材質分開使用

防蟲劑有四種，具有不同的特徵，大部分都是無法與其他種類防蟲劑並用，必須注意。

若使用配合防霉劑的防蟲劑，則更為方便。

樟腦　殺蟲力較弱，具有較好的香氣、效果溫和，適合使用金線、銀線或絲質的高級衣物，有效期限為五～六個月，不能與其他種類的防蟲劑並用。

氯系列　效果最強，具速效性，但缺乏持續性，約二～三個月就要更換。而氯離子會傷害金屬，因此帶有金線、銀線的衣物或合成皮革不可使用。此外，與其他種類並用時，溶劑會溶出而形成斑點，必須注意。

萘丸　效率比氯劑弱，但是持續時間較長，適合於長期間保存的衣物。除纖維以外，皮革製品也可以使用，與其他種類不可並用。

除蟲菊精系列　效果溫和，幾乎沒有氣味，即使金屬鈕釦等，也可安心使用。

除濕劑（乾燥劑）要配合收藏場所選擇

除濕劑幾乎都是以硅膠為主要成分，包括衣物用、衣櫥用，不佔空間的棒狀形，或是可鋪著使用的床單狀等，可配合用途選擇。

衣物用除濕劑具有脫臭效果，保護衣物免於出現防蟲劑的氣味，如果裡面的顆粒顏色改變，可從袋中取出，用小火放在煎鍋內炒，還可持續使用。

可利用點心或漿糊罐裝除濕劑來使用。

使用重點是上方多放防蟲劑，下方多放除濕劑

防蟲劑一旦揮發，會出現獨特的臭味，這種氣化氣體的成分，具有驅蟲的效果。這個氣體比空氣重，如果衣物收藏箱的四個角落放二個，正下方放六個，能達到更好的效果。

由於濕的空氣下降，所以下方多放一些除濕劑，才是有效的使用方法。而衣物之間，及底部和兩側下方也要多放一些。

衣櫥或衣櫃內，濕氣較易凝聚於深處，所以除濕劑要放在深處的角落。

●帽　子

基本上要刷及擦拭
為防止變形可利用簍子

棉、痲、聚脂帽，可利用中性洗劑刷洗。從洗濯到乾燥為止，都要罩上簍子，以防止變形（①）。

草帽要先除去灰塵，用沾有稀釋過的住宅用洗劑的布擦拭，然後再用清水擦拭、保持乾燥（②）。

羊毛帽要用刷子刷過，污垢可利用沾有揮發油或中性洗劑的布擦拭。帽沿及接縫處要用刷子充分刷過（③）。

皮革或絨皮帽，則採用與前述夾克和大衣相同的要領清理。

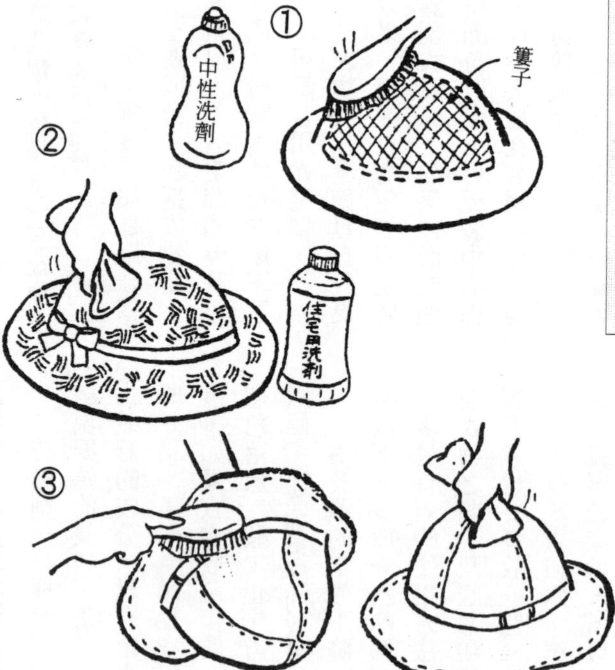

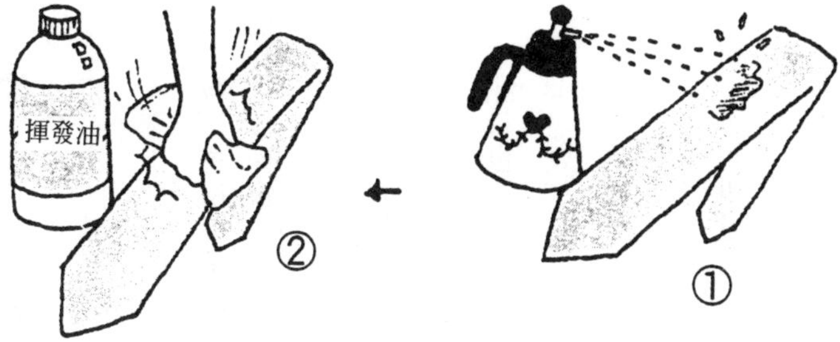

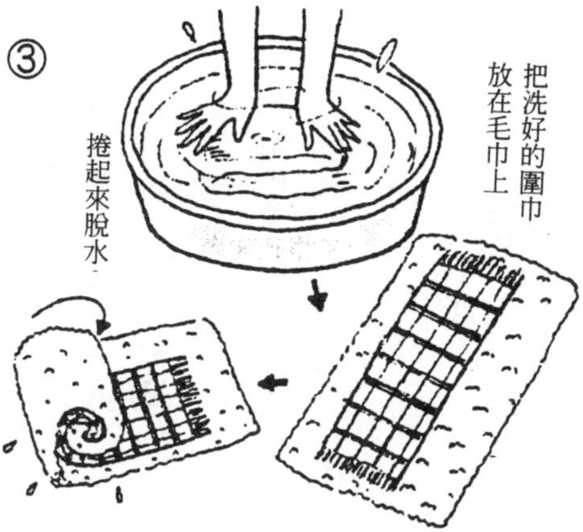

●領帶、圍巾

重要的東西可送到洗衣店清洗

慶弔時用的領帶全用乾毛巾拍打，去除灰塵，骯髒的部分先噴水（①），再用含有揮發油的布，用拍打式的方法擦拭（②）。連接處要仔細清理。

大型的圍巾採取與羊毛衣相同的方式處理，絲織品或污垢特別明顯的衣物，最好送到洗衣店清洗。

有的圍巾非常髒，可以採用處理羊毛衣的要領處理，疊起來用中性洗劑按壓清洗，把污垢的部分朝上，沖淨後用柔軟劑作最後的修飾，再用毛巾捲起來脫水（③）。

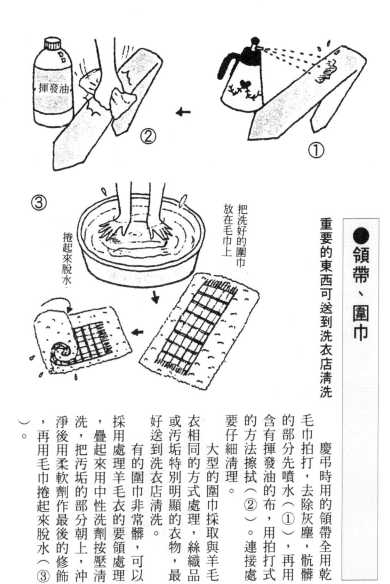

●皮手套、皮靴

去除污垢、塗抹專用油

　皮手套上部分的污垢可以利用專用橡皮或清潔劑去除污垢，如果整體的油污非常嚴重時，則用中性洗劑手洗，這時要將手套戴在手上清洗，以防止變形（①）。

　沖洗時也以同樣要領進行，用毛巾捲起，去除水分。

　在半乾狀態下用雙手揉搓（②），充分乾燥後塗抹專用油，如此即可防止皮革變硬。

　皮靴也可以利用吸塵器去除裡面的灰塵（Ⓐ），再利用適合素材的專用清洗劑和乳液去除污垢（Ⓑ）。表面為皮革的皮靴，可以薄薄地塗上一層油擦拭之後保持光亮。

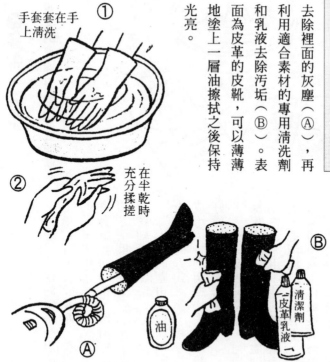

家電製品

※關於家電製品的處理依機種之不同而有差異
要遵照說明書的解說處理

●風扇加熱器

空氣吸入口及濾網都要清掃

風扇加熱器的空氣吸入口必須清掃。除去外罩，利用吸塵器吸取附著在內側濾網上的灰塵（Ⓐ）。或是取出濾網來清洗，充分乾燥後再裝回去。而吹出口也要利用吸塵器吸除灰塵，再用擰乾的布擦拭。

如果是石油風扇加熱器，則要取下石油槽，清掃滴油盤的石油濾網及過濾用的網（Ⓑ）。卸下石油網去除灰塵，再用沾了乾淨石油的手指摩擦清洗，也可利用竹籤等將網子上的灰塵去除（要戴橡皮手套）。

等到油槽中的石油用完後再清理較好。如果有剩下的石油，一定要去除，或是另行保管。點火用的電池要要拔除。

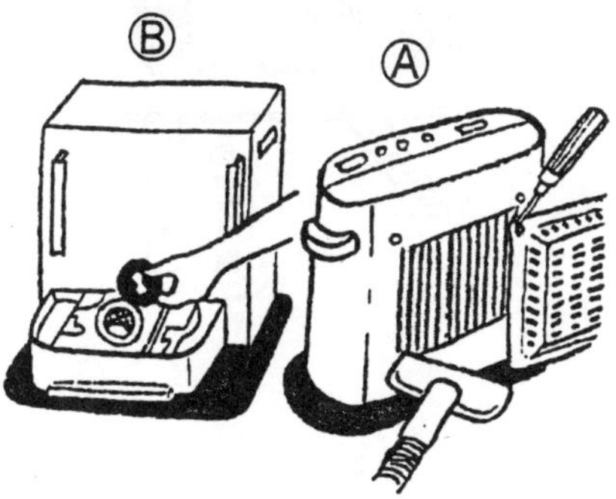

●爐　子

為免降低熱效率，燃燒部分的周圍要仔細清理

首先，將積存於爐子四周的灰塵及污垢，用吸塵器仔細吸掉，而難以吸除的角落與溝的部分，則利用竹筷子等去除污垢，再用吸塵器的刷子刷過（Ⓐ）。

外側與玻璃部分要用沾有中性洗劑或住宅用洗劑且擰乾的布擦拭，反射板則可用磨金屬片擦拭。

如果是石油爐，則不要忘記清掃接油盤的部分（參照風扇加熱器）。按照說明書的指示，芯的部分的清掃也要進行，或是換油芯。

如果是瓦斯爐，連橡皮管也要擦拭，若用手指用力按壓會出現細的裂縫，或是缺乏彈力時要換新（Ⓑ）。

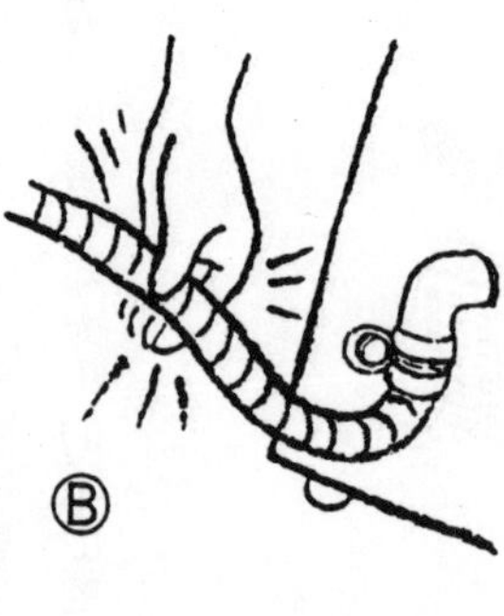

●電暖爐

將加熱器部分取下去除污垢

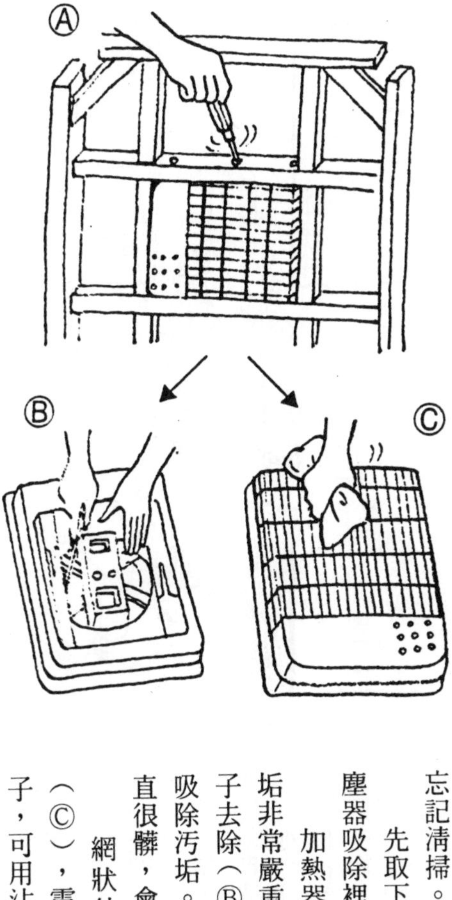

加熱器部分的清掃，是重點所在。加熱器部分能夠輕易取下（Ⓐ），所以不要忘記清掃。

先取下網狀外殼，用吸塵器吸除裡面的污垢灰塵。

加熱器周圍及風扇的污垢非常嚴重時，可以用竹筷子去除（Ⓑ），或用吸塵器吸除污垢。如果這個部分一直很髒，會降低熱的效率。

網狀外殼也必須擦拭（Ⓒ），電暖器的台子和架子，可用沾中性洗劑的乾布擦拭。

●電　毯

全部用吸塵器吸過，污垢用中性洗劑擦拭

全部用吸塵器仔細吸除污垢。

將所有污垢處用沾了中性洗劑且擰乾的布擦拭，或是用地毯清潔劑擦拭。用乾布採拍打的方式擦過以後，保持乾燥。

地毯的污垢集中在人聚集的地方，當人走路時，就會深入地毯的毛中。所以使用吸塵器時，要朝向一定的方向吸除污垢，然後再與最初的方向呈直角來吸除。清潔乾淨後，為避免又佈上灰塵，要使用罩子罩住。

大展出版社有限公司	圖書目錄

地址：台北市北投區11204
致遠一路二段12巷1號
郵撥： 0166955～1
電話：(02) 8236031
8236033
傳眞：(02) 8272069

• 法律專欄連載 • 電腦編號 58

台大法學院 法律學系／策劃
法律服務社／編著

①別讓您的權利睡著了1		200元
②別讓您的權利睡著了2		200元

• 秘傳占卜系列 • 電腦編號 14

①手相術	淺野八郎著	150元
②人相術	淺野八郎著	150元
③西洋占星術	淺野八郎著	150元
④中國神奇占卜	淺野八郎著	150元
⑤夢判斷	淺野八郎著	150元
⑥前世、來世占卜	淺野八郎著	150元
⑦法國式血型學	淺野八郎著	150元
⑧靈感、符咒學	淺野八郎著	150元
⑨紙牌占卜學	淺野八郎著	150元
⑩ＥＳＰ超能力占卜	淺野八郎著	150元
⑪猶太數的秘術	淺野八郎著	150元
⑫新心理測驗	淺野八郎著	160元

• 趣味心理講座 • 電腦編號 15

①性格測驗１	探索男與女	淺野八郎著	140元
②性格測驗２	透視人心奧秘	淺野八郎著	140元
③性格測驗３	發現陌生的自己	淺野八郎著	140元
④性格測驗４	發現你的真面目	淺野八郎著	140元
⑤性格測驗５	讓你們吃驚	淺野八郎著	140元
⑥性格測驗６	洞穿心理盲點	淺野八郎著	140元
⑦性格測驗７	探索對方心理	淺野八郎著	140元
⑧性格測驗８	由吃認識自己	淺野八郎著	140元
⑨性格測驗９	戀愛知多少	淺野八郎著	160元

⑩性格測驗10	由裝扮瞭解人心	淺野八郎著	140元
⑪性格測驗11	敲開內心玄機	淺野八郎著	140元
⑫性格測驗12	透視你的未來	淺野八郎著	140元
⑬血型與你的一生		淺野八郎著	160元
⑭趣味推理遊戲		淺野八郎著	160元
⑮行爲語言解析		淺野八郎著	160元

・婦 幼 天 地・電腦編號 16

①八萬人減肥成果	黃靜香譯	180元
②三分鐘減肥體操	楊鴻儒譯	150元
③窈窕淑女美髮秘訣	柯素娥譯	130元
④使妳更迷人	成　玉譯	130元
⑤女性的更年期	官舒妍編譯	160元
⑥胎內育兒法	李玉瓊編譯	150元
⑦早產兒袋鼠式護理	唐岱蘭譯	200元
⑧初次懷孕與生產	婦幼天地編譯組	180元
⑨初次育兒12個月	婦幼天地編譯組	180元
⑩斷乳食與幼兒食	婦幼天地編譯組	180元
⑪培養幼兒能力與性向	婦幼天地編譯組	180元
⑫培養幼兒創造力的玩具與遊戲	婦幼天地編譯組	180元
⑬幼兒的症狀與疾病	婦幼天地編譯組	180元
⑭腿部苗條健美法	婦幼天地編譯組	180元
⑮女性腰痛別忽視	婦幼天地編譯組	150元
⑯舒展身心體操術	李玉瓊編譯	130元
⑰三分鐘臉部體操	趙薇妮著	160元
⑱生動的笑容表情術	趙薇妮著	160元
⑲心曠神怡減肥法	川津祐介著	130元
⑳內衣使妳更美麗	陳玄茹譯	130元
㉑瑜伽美姿美容	黃靜香編著	150元
㉒高雅女性裝扮學	陳珮玲譯	180元
㉓蠶糞肌膚美顏法	坂梨秀子著	160元
㉔認識妳的身體	李玉瓊譯	160元
㉕產後恢復苗條體態	居理安・芙萊喬著	200元
㉖正確護髮美容法	山崎伊久江著	180元
㉗安琪拉美姿養生學	安琪拉蘭斯博瑞著	180元
㉘女體性醫學剖析	增田豐著	220元
㉙懷孕與生產剖析	岡部綾子著	180元
㉚斷奶後的健康育兒	東城百合子著	220元
㉛引出孩子幹勁的責罵藝術	多湖輝著	170元
㉜培養孩子獨立的藝術	多湖輝著	170元

㉝子宮肌瘤與卵巢囊腫	陳秀琳編著	180元
㉞下半身減肥法	納他夏・史達賓著	180元
㉟女性自然美容法	吳雅菁編著	180元
㊱再也不發胖	池園悅太郎著	170元
㊲生男生女控制術	中垣勝裕著	220元
㊳使妳的肌膚更亮麗	楊　皓編著	170元

・青　春　天　地・電腦編號 17

①A血型與星座	柯素娥編譯	120元
②B血型與星座	柯素娥編譯	120元
③O血型與星座	柯素娥編譯	120元
④AB血型與星座	柯素娥編譯	120元
⑤青春期性教室	呂貴嵐編譯	130元
⑥事半功倍讀書法	王毅希編譯	150元
⑦難解數學破題	宋釗宜編譯	130元
⑧速算解題技巧	宋釗宜編譯	130元
⑨小論文寫作秘訣	林顯茂編譯	120元
⑪中學生野外遊戲	熊谷康編著	120元
⑫恐怖極短篇	柯素娥編譯	130元
⑬恐怖夜話	小毛驢編譯	130元
⑭恐怖幽默短篇	小毛驢編譯	120元
⑮黑色幽默短篇	小毛驢編譯	120元
⑯靈異怪談	小毛驢編譯	130元
⑰錯覺遊戲	小毛驢編譯	130元
⑱整人遊戲	小毛驢編著	150元
⑲有趣的超常識	柯素娥編譯	130元
⑳哦！原來如此	林慶旺編譯	130元
㉑趣味競賽100種	劉名揚編譯	120元
㉒數學謎題入門	宋釗宜編譯	150元
㉓數學謎題解析	宋釗宜編譯	150元
㉔透視男女心理	林慶旺編譯	120元
㉕少女情懷的自白	李桂蘭編譯	120元
㉖由兄弟姊妹看命運	李玉瓊編譯	130元
㉗趣味的科學魔術	林慶旺編譯	150元
㉘趣味的心理實驗室	李燕玲編譯	150元
㉙愛與性心理測驗	小毛驢編譯	130元
㉚刑案推理解謎	小毛驢編譯	130元
㉛偵探常識推理	小毛驢編譯	130元
㉜偵探常識解謎	小毛驢編譯	130元
㉝偵探推理遊戲	小毛驢編譯	130元

㉞趣味的超魔術	廖玉山編著	150元
㉟趣味的珍奇發明	柯素娥編著	150元
㊱登山用具與技巧	陳瑞菊編著	150元

・健 康 天 地・電腦編號 18

①壓力的預防與治療	柯素娥編譯	130元
②超科學氣的魔力	柯素娥編譯	130元
③尿療法治病的神奇	中尾良一著	130元
④鐵證如山的尿療法奇蹟	廖玉山譯	120元
⑤一日斷食健康法	葉慈容編譯	150元
⑥胃部強健法	陳炳崑譯	120元
⑦癌症早期檢查法	廖松濤譯	160元
⑧老人痴呆症防止法	柯素娥編譯	130元
⑨松葉汁健康飲料	陳麗芬編譯	130元
⑩揉肚臍健康法	永井秋夫著	150元
⑪過勞死、猝死的預防	卓秀貞編譯	130元
⑫高血壓治療與飲食	藤山順豐著	150元
⑬老人看護指南	柯素娥編譯	150元
⑭美容外科淺談	楊啟宏著	150元
⑮美容外科新境界	楊啟宏著	150元
⑯鹽是天然的醫生	西英司郎著	140元
⑰年輕十歲不是夢	梁瑞麟譯	200元
⑱茶料理治百病	桑野和民著	180元
⑲綠茶治病寶典	桑野和民著	150元
⑳杜仲茶養顏減肥法	西田博著	150元
㉑蜂膠驚人療效	瀨長良三郎著	150元
㉒蜂膠治百病	瀨長良三郎著	180元
㉓醫藥與生活	鄭炳全著	180元
㉔鈣長生寶典	落合敏著	180元
㉕大蒜長生寶典	木下繁太郎著	160元
㉖居家自我健康檢查	石川恭三著	160元
㉗永恒的健康人生	李秀鈴譯	200元
㉘大豆卵磷脂長生寶典	劉雪卿譯	150元
㉙芳香療法	梁艾琳譯	160元
㉚醋長生寶典	柯素娥譯	180元
㉛從星座透視健康	席拉・吉蒂斯著	180元
㉜愉悅自在保健學	野本二士夫著	160元
㉝裸睡健康法	丸山淳士等著	160元
㉞糖尿病預防與治療	藤田順豐著	180元
㉟維他命長生寶典	菅原明子著	180元

㊱維他命C新效果	鐘文訓編	150元
㊲手、腳病理按摩	堤芳朗著	160元
㊳AIDS瞭解與預防	彼得塔歇爾著	180元
㊴甲殼質殼聚糖健康法	沈永嘉譯	160元
㊵神經痛預防與治療	木下眞男著	160元
㊶室內身體鍛鍊法	陳炳崑編著	160元
㊷吃出健康藥膳	劉大器編著	180元
㊸自我指壓術	蘇燕謀編著	160元
㊹紅蘿蔔汁斷食療法	李玉瓊編著	150元
㊺洗心術健康秘法	竺翠萍編譯	170元
㊻枇杷葉健康療法	柯素娥編譯	180元
㊼抗衰血癒	楊啟宏著	180元
㊽與癌搏鬥記	逸見政孝著	180元
㊾冬蟲夏草長生寶典	高橋義博著	170元
㊿痔瘡・大腸疾病先端療法	宮島伸宜著	180元
51膠布治癒頑固慢性病	加瀨建造著	180元
52芝麻神奇健康法	小林貞作著	170元
53香煙能防止癡呆？	高田明和著	180元
54穀菜食治癌療法	佐藤成志著	180元
55貼藥健康法	松原英多著	180元
56克服癌症調和道呼吸法	帶津良一著	180元
57Ｂ型肝炎預防與治療	野村喜重郎著	180元
58青春永駐養生導引術	早島正雄著	180元
59改變呼吸法創造健康	原久子著	180元
60荷爾蒙平衡養生秘訣	出村博著	180元
61水美肌健康法	井戶勝富著	170元
62認識食物掌握健康	廖梅珠編著	170元
63痛風劇痛消除法	鈴木吉彥著	180元
64酸莖菌驚人療效	上田明彥著	180元
65大豆卵磷脂治現代病	神津健一著	200元
66時辰療法──危險時刻凌晨4時	呂建強等著	元
67自然治癒力提升法	帶津良一著	元
68巧妙的氣保健法	藤平墨子著	元

・實用女性學講座・電腦編號 19

①解讀女性內心世界	島田一男著	150元
②塑造成熟的女性	島田一男著	150元
③女性整體裝扮學	黃靜香編著	180元
④女性應對禮儀	黃靜香編著	180元

・校園系列・電腦編號20

①讀書集中術	多湖輝著	150元
②應考的訣竅	多湖輝著	150元
③輕鬆讀書贏得聯考	多湖輝著	150元
④讀書記憶秘訣	多湖輝著	150元
⑤視力恢復！超速讀術	江錦雲譯	180元
⑥讀書36計	黃柏松編著	180元
⑦驚人的速讀術	鐘文訓編著	170元
⑧學生課業輔導良方	多湖輝著	170元

・實用心理學講座・電腦編號21

①拆穿欺騙伎倆	多湖輝著	140元
②創造好構想	多湖輝著	140元
③面對面心理術	多湖輝著	160元
④偽裝心理術	多湖輝著	140元
⑤透視人性弱點	多湖輝著	140元
⑥自我表現術	多湖輝著	150元
⑦不可思議的人性心理	多湖輝著	150元
⑧催眠術入門	多湖輝著	150元
⑨責罵部屬的藝術	多湖輝著	150元
⑩精神力	多湖輝著	150元
⑪厚黑說服術	多湖輝著	150元
⑫集中力	多湖輝著	150元
⑬構想力	多湖輝著	150元
⑭深層心理術	多湖輝著	160元
⑮深層語言術	多湖輝著	160元
⑯深層說服術	多湖輝著	180元
⑰掌握潛在心理	多湖輝著	160元
⑱洞悉心理陷阱	多湖輝著	180元
⑲解讀金錢心理	多湖輝著	180元
⑳拆穿語言圈套	多湖輝著	180元
㉑語言的心理戰	多湖輝著	180元

・超現實心理講座・電腦編號22

①超意識覺醒法	詹蔚芬編譯	130元
②護摩秘法與人生	劉名揚編譯	130元
③秘法！超級仙術入門	陸　明譯	150元

④給地球人的訊息	柯素娥編著	150元
⑤密教的神通力	劉名揚編著	130元
⑥神秘奇妙的世界	平川陽一著	180元
⑦地球文明的超革命	吳秋嬌譯	200元
⑧力量石的秘密	吳秋嬌譯	180元
⑨超能力的靈異世界	馬小莉譯	200元
⑩逃離地球毀滅的命運	吳秋嬌譯	200元
⑪宇宙與地球終結之謎	南山宏著	200元
⑫驚世奇功揭秘	傅起鳳著	200元
⑬啟發身心潛力心象訓練法	栗田昌裕著	180元
⑭仙道術遁甲法	高藤聰一郎著	220元
⑮神通力的秘密	中岡俊哉著	180元
⑯仙人成仙術	高藤聰一郎著	200元
⑰仙道符咒氣功法	高藤聰一郎著	220元
⑱仙道風水術尋龍法	高藤聰一郎著	200元
⑲仙道奇蹟超幻像	高藤聰一郎著	200元
⑳仙道鍊金術房中法	高藤聰一郎著	200元

・養 生 保 健・電腦編號 23

①醫療養生氣功	黃孝寬著	250元
②中國氣功圖譜	余功保著	230元
③少林醫療氣功精粹	井玉蘭著	250元
④龍形實用氣功	吳大才等著	220元
⑤魚戲增視強身氣功	宮　嬰著	220元
⑥嚴新氣功	前新培金著	250元
⑦道家玄牝氣功	張　章著	200元
⑧仙家秘傳袪病功	李遠國著	160元
⑨少林十大健身功	秦慶豐著	180元
⑩中國自控氣功	張明武著	250元
⑪醫療防癌氣功	黃孝寬著	250元
⑫醫療強身氣功	黃孝寬著	250元
⑬醫療點穴氣功	黃孝寬著	250元
⑭中國八卦如意功	趙維漢著	180元
⑮正宗馬禮堂養氣功	馬禮堂著	420元
⑯秘傳道家筋經內丹功	王慶餘著	280元
⑰三元開慧功	辛桂林著	250元
⑱防癌治癌新氣功	郭　林著	180元
⑲禪定與佛家氣功修煉	劉天君著	200元
⑳顛倒之術	梅自強著	360元
㉑簡明氣功辭典	吳家駿編	元

㉒八卦三合功　張全亮著　230元

•社會人智囊•電腦編號24

①糾紛談判術　清水增三著　160元
②創造關鍵術　淺野八郎著　150元
③觀人術　淺野八郎著　180元
④應急詭辯術　廖英迪編著　160元
⑤天才家學習術　木原武一著　160元
⑥猫型狗式鑑人術　淺野八郎著　180元
⑦逆轉運掌握術　淺野八郎著　180元
⑧人際圓融術　澀谷昌三著　160元
⑨解讀人心術　淺野八郎著　180元
⑩與上司水乳交融術　秋元隆司著　180元
⑪男女心態定律　小田晉著　180元
⑫幽默說話術　林振輝編著　200元
⑬人能信賴幾分　淺野八郎著　180元
⑭我一定能成功　李玉瓊譯　180元
⑮獻給青年的嘉言　陳蒼杰譯　180元
⑯知人、知面、知其心　林振輝編著　180元
⑰塑造堅強的個性　坂上肇著　180元
⑱爲自己而活　佐藤綾子著　180元
⑲未來十年與愉快生活有約　船井幸雄著　180元

•精選系列•電腦編號25

①毛澤東與鄧小平　渡邊利夫等著　280元
②中國大崩裂　江戶介雄著　180元
③台灣•亞洲奇蹟　上村幸治著　220元
④7-ELEVEN高盈收策略　國友隆一著　180元
⑤台灣獨立　森　詠著　200元
⑥迷失中國的末路　江戶雄介著　220元
⑦2000年5月全世界毀滅　紫藤甲子男著　180元
⑧失去鄧小平的中國　小島朋之著　220元

•運動遊戲•電腦編號26

①雙人運動　李玉瓊譯　160元
②愉快的跳繩運動　廖玉山譯　180元
③運動會項目精選　王佑京譯　150元
④肋木運動　廖玉山譯　150元

⑤測力運動	王佑宗譯	150元

・休 閒 娛 樂・電腦編號 27

①海水魚飼養法	田中智浩著	300元
②金魚飼養法	曾雪玫譯	250元

・銀髮族智慧學・電腦編號 28

①銀髮六十樂逍遙	多湖輝著	170元
②人生六十反年輕	多湖輝著	170元
③六十歲的決斷	多湖輝著	170元

・飲 食 保 健・電腦編號 29

①自己製作健康茶	大海淳著	220元
②好吃、具藥效茶料理	德永睦子著	220元
③改善慢性病健康茶	吳秋嬌譯	200元

・家庭醫學保健・電腦編號 30

①女性醫學大全	雨森良彥著	380元
②初爲人父育兒寶典	小瀧周曹著	220元
③性活力強健法	相建華著	200元
④30歲以上的懷孕與生產	李芳黛編著	元

・心 靈 雅 集・電腦編號 00

①禪言佛語看人生	松濤弘道著	180元
②禪密教的奧秘	葉逯謙譯	120元
③觀音大法力	田口日勝著	120元
④觀音法力的大功德	田口日勝著	120元
⑤達摩禪106智慧	劉華亭編譯	220元
⑥有趣的佛教研究	葉逯謙編譯	170元
⑦夢的開運法	蕭京凌譯	130元
⑧禪學智慧	柯素娥編譯	130元
⑨女性佛教入門	許俐萍譯	110元
⑩佛像小百科	心靈雅集編譯組	130元
⑪佛教小百科趣談	心靈雅集編譯組	120元
⑫佛教小百科漫談	心靈雅集編譯組	150元
⑬佛教知識小百科	心靈雅集編譯組	150元

國家圖書館出版品預行編目資料

家庭巧妙收藏／賢明主婦會編；蘇秀玉譯
——初版——臺北市；大展，民86
面；　公分——（家庭／生活；90）
譯自：「徹底」賢い收納のアイデア200
ISBN 957-557-673-X（平裝）
1. 家政
420　　86000580

家庭巧妙收藏

ISBN 957-557-673-X

原 著 者／賢明主婦會
編 譯 者／蘇　秀　玉
發 行 人／蔡　森　明
出 版 者／大展出版社有限公司
社　　址／台北市北投區（石牌）致遠一路二段12巷1號
電　　話／(02) 8236031・8236033
傳　　眞／(02) 8272069
郵政劃撥／0166955－1
登 記 證／局版臺業字第2171號
承 印 者／國順圖書印刷公司
裝　　訂／嶸興裝訂有限公司
排 版 者／千兵企業有限公司
電　　話／(02) 8812643
初　　版／1997年（民86年）1月

定　價／200元